热带果树高效生产技术丛书

菠萝

栽培与病虫害防治

彩色图说

刘胜辉　张秀梅 ◎ 主编

U0380618

中国农业出版社

农村读物出版社

北京

编委会名单

主　　编：刘胜辉　张秀梅

副 主 编：吴青松　姚艳丽　高玉尧
　　　　　李　威

参编人员：陈　菁　陆新华　孙伟生
　　　　　赵维峰　林文秋　刘　洋
　　　　　朱祝英　付　琼　杨玉梅
　　　　　欧阳红军

参编单位：中国热带农业科学院南亚热带
　　　　　作物研究所
　　　　　云南农业大学热带作物学院

前　言

　　菠萝是我国热带、南亚热带地区最具特色的优势水果。目前菠萝品种巴厘为主栽品种，占全国种植面积的80%以上。随着菠萝品种结构的调整，金菠萝、甜蜜蜜菠萝、金钻菠萝、手撕菠萝、芒果菠萝、黄金菠萝等新品种因优质的鲜食品质及各具特色受到普遍的关注和积极的推广，不同品种的种植密度、催花、病虫害防控等栽培管理技术存在较大差异。

　　本书是在国家重点研发计划项目（2020YFD1000604）支持下，在近年的研究成果和生产应用基础上完成的，书中详细介绍了我国菠萝主栽品种和新品种栽培技术及病虫害综合防控技术，图文并茂，浅显易懂，适宜广大科技工作者和种植技术人员使用。由于编者技术水平有限，难免出现疏漏之处，望不吝赐教。

编　者

2021年6月

目 录

前言

第一章 概述

菠萝[*Ananas comosus*（L.）Merr.]，属凤梨科凤梨属，英文名pineapple，又称凤梨、王梨、番梨。菠萝为多年生草本果树，具有耐干旱、耐瘠薄、受台风影响小的特点，适宜在热带、南亚热带地区广大丘陵及山地种植，在台风频发、地表水缺乏的广东雷州半岛和海南岛，更是有着稳产稳收的优势，种植效益比较高，种植菠萝是热区农民收入的主要来源。菠萝全身是宝：成熟的果实具有令人愉快的香气，果肉甜酸可口，风味独特，营养丰富。每100克菠萝鲜果肉中含水分87.1克，碳水化合物8.5克，蛋白质0.5克，纤维1.2克，脂肪0.1克，钾126毫克，钙20毫克，钠1.2毫克，烟酸0.1毫克，锌0.08毫克，18种氨基酸总量为0.55克，其中8种人体必需氨基酸含量为0.17克，此外还富含维生素A、B族维生素及维生素C，尤其维生素A可高达0.35毫克，类胡萝卜素总量达200毫克，维生素C最高可达100毫克。果实和茎中含有的菠萝蛋白酶，具有类似木瓜蛋白酶的效能，可以分解蛋白质，帮助消化。我国传统中医认为，菠萝味甘、微酸、性平，有生津止渴、润肠通便、利尿消肿、去脂减肥等功效。欧洲营养学会也证实，菠萝具有神奇的减肥功效。除鲜食外，可加工成圆片罐头、果酱、果汁、果丁、果粒、果酒、蜜饯、冻干片等，加工废弃物可用于提炼酒精及饲料。菠萝叶片含有两种朊酶分子，具有阻止肿瘤增生的功能，可以用来研制抵抗癌症的新药；叶片还可以提取纤维，制作高档衣服、袜子和包包；提取纤维后的菠萝叶渣还可以作饲料。此外，菠萝花期长，开花量大，也是一种较好的蜜源植物。

一、菠萝的起源与产业发展历史

菠萝原产于巴西中部和南部，以及阿根廷的北部与巴拉圭，亦即在南美洲南纬15°—30°和西经40°—60°之间的地区。哥伦布发现新大陆之前，美洲热带地区（委内瑞拉奥里诺科河、亚马孙、环里约热内卢的巴西沿海）和加勒比海地区的印第安人就已经从野生菠萝的自然变异中驯化选育出果实大、品质优、无种子的栽培种，除鲜食外还用于加工酒精饮料（菠萝酒、玉米酒和甘蔗酒）、药用和提取纤维。1493年哥伦布在西印度群岛的瓜地洛普岛首次发现菠萝，随后引入欧洲，17世纪末期才在温室种植成功。1719年菠萝从荷兰传播至英国，1730年传至法国，18世纪至19世初，随着菠萝温室栽培在欧洲的发展，许多品种被引进，大部分来自安的列斯群岛。至今仍名声赫赫的无刺卡因就是1819年从圭亚那引进的。随着航海业的发展，大量菠萝果实从西印度群岛进口，欧洲温室商业栽培热情下降，除了无刺卡因和皇后两个品种，大部分早期引进的品种消失了，甚为可惜。随后无刺卡因和皇后从欧洲传播至热带和亚热带地区。西班牙人和葡萄牙人在16—17世纪的大航海中将其他品种包括Singapore Spanish传播至非洲和亚洲。无刺卡因目前仍然是世界菠萝贸易中最为重要的品种之一，其他品种只是区域性种植以供当地消费。

　　菠萝芽苗耐干旱、易运输，因而在全世界广为传播，然而菠萝鲜果只能短途运输，限制了当时的商业贸易。有的地方也生产一些防腐的加工初级产品，如西印度群岛、巴西和墨西哥生产的菠萝果酱与蜜饯即是最早期的加工商品。19世纪初，菠萝鲜果连同整个植株从西印度群岛运往欧洲，使得欧洲菠萝市场价格降低，从而导致欧洲温室生产规模的下降。

　　19世纪末夏威夷开始商业化加工菠萝。自动剥皮去心机器的发明和改进促进了菠萝加工制罐业的大规模发展，与此同时菠萝种植业也蓬勃发展。东南亚（马来西亚1988年，中国台湾1902年，菲律宾1920年）、澳大利亚、南非、加勒比地区（古巴和波多黎各）和肯尼亚等国家和地区也开始发展菠萝加工业。第二次世界大战摧毁了东南亚工业和世界贸易，夏威夷成为菠萝加工业的领头羊，直到1950至1960年初，新的竞争对手科特迪瓦、菲律宾、泰国出现。与此同时，冷藏海运业发展使得产销距离不是那么关键，夏威夷、西非（主要是科特迪瓦）和中国台湾三足鼎立，占据鲜果市场的生产，出口远销北美、欧洲和日本市场。菲律宾菠萝在20世纪70年代迅速发展，出口罐头产品和大量鲜果至日本，到目前为止，国际鲜果市场在迅速增长，但罐头产品依然很重要。

菠萝现在是仅次于香蕉的世界第二大热带水果，产量占世界热带水果总量的20%。在原产国约70%以上均以鲜食为主，其他重要的生产国如巴西、印度、中国、尼日利亚、哥斯达黎加均以国内鲜销为主，少量加工。菠萝国际贸易产品包括圆片罐头、菠萝块罐头、菠萝果丁、果汁和鲜果，近10年来全球菠萝生产和贸易呈稳定增长态势。据联合国粮食及农业组织统计，2010年全球菠萝种植面积为94.3万公顷，产量2 132.5万吨；至2019年，全球菠萝种植面积为112.5万公顷，产量达2 817.9万吨。由于菠萝种植业机械化程度不高，种植、产期调节以及采收大多依赖人工，属于较典型的劳动密集型产业，因而集中在土地、人工成本低的发展中国家，因此全球菠萝主要种植于亚洲，其次是美洲。2019年亚洲菠萝产量为1 185.4万吨，美洲1 042.6万吨，非洲577.4万吨，大洋洲12.5万吨。种植区主要分布在哥斯达黎加、菲律宾、巴西、印度尼西亚、中国、印度、泰国、尼日利亚、墨西哥、哥伦比亚。这些国家的菠萝生产量占世界菠萝生产量的69.33%，其中哥斯达黎加菠萝种植面积约为43 000公顷，产量332.8万吨，占世界菠萝总产量的11%以上，连续5年产量位居世界第一。

二、我国菠萝产业发展状况

我国菠萝以散户种植为主，生产的盲目性较大，销售的价格也是随行就市，生产品种多以鲜食品种为主。加工企业一般采用达不到商品果要求的果实为原料，因这类果相对便宜，可降低成本，因此加工产品品质远不如菲律宾加工企业生产的好。我国种植企业主要分布在广东、海南、云南、广西及福建等省份，其中广东、海南、云南较多，大规模的种植企业有广东湛江农垦集团（表1-1）。产量分布以广东、海南为主，两省菠萝产量在全国占比达90%；尤以广东省湛江市徐闻县最多，2020年已达72万吨，菠萝产量在全国占比达36%以上。我国生产的菠萝70%在国内作为鲜果消费，其余30%用于加工制罐和生产菠萝汁等，出口量甚少，鲜（干）菠萝2019年出口量为0.6万吨，出口额为674.3万美元。出口目的地主要为俄罗斯，出口量占菠萝总出口量的74.5%，另有小部分出口到吉尔吉斯斯坦和哈萨克斯坦。我国菠萝的进口以鲜果为主，2019年的进口量达到了24.9万吨，进口额为2.3亿美元。主要来自菲律宾，进口量占比达到了74.7%，另有5.2%来自泰国，20%来自中国台湾。我国菠萝消费量以年均约7.5%的速度增长，进口量占需求量的6.6%左右。随着我国居民生活水平提高和菠萝品质的提升，未来国内菠萝市场需求还有很大发展空间。

我国菠萝生产区域主要在广东、海南、广西、云南、福建等地。2019年全国种植面积为6万公顷，广东、海南种植面积分别为2.98万公顷和1.69万公顷，广东和海南种植面积占全国菠萝总面积的77.83%，产量分别为82.10万吨和34.27万吨。我国菠萝栽培品种比较单一，主栽品种是皇后类的品种巴厘，占菠萝栽培面积的70%，其余15%左右是无刺卡因，少量为台农17号、台农16号、金菠萝以及神湾等其他品种。广东省湛江市徐闻县菠萝栽培最多，珠三角地区的中山市和广州市、粤东的揭阳、汕尾、惠州以及肇庆各有一定的栽培。粤西以巴厘为主，粤东以无刺卡因为主，中山以神湾为主，巴厘占总面积的80%，无刺卡因和神湾共占15%左右，金菠萝和台农系列品种占约5%左右。海南省菠萝种植主要集中于万宁市、琼海市，近年来文昌、澄迈、昌江、乐东等地也发展不少，东部、东南部品种以巴厘为主，新品种金菠萝以及台农系列品种主要种植在海南岛中西部和北部。广西菠萝大多数分布在南宁市及其周边的崇左、钦州、博白、防城港等地，主栽品种是巴厘（当地又称菲律宾种），约占总面积的90%，其次是澳大利亚卡因、台农17号和台农16号，其他品种较少。福建菠萝主要分布在漳州市，主要是卡因类、巴厘类以及少量台湾品种。云南菠萝主要分布于西双版纳、德宏、河口等地，主要种植有无刺卡因、巴厘，以及少量台湾品种及金菠萝，其中，西双版纳及德宏以无刺卡因为主，河口以巴厘为主。

广东雷州半岛是我国菠萝最大的种植区域种植面积占广东省菠萝栽培面积的50%以上，仅徐闻县2021年种植面积2.33万公顷，年产量稳定在70万吨左右，每年产值超15亿元。据称每3个中国菠萝就有一个来自徐闻。由于雷州半岛为台风多发地，相比香蕉、甘蔗、蔬菜等其他作物，种植菠萝风险比较小。随着市场对菠萝需求的增长，一些香蕉园和甘蔗园改种菠萝，菠萝种植面积逐年增加。该区域有广东省丰收糖业发展有限公司等大型种植加工一体化的农垦企业，有菠萝罐头和菠萝汁加工厂，在雷州半岛的菠萝产业主要科研机构有中国热带农业科学院南亚热带作物研究所等，主要从事菠萝选育种及栽培技术研究，为菠萝产业发展提供技术支撑。雷州半岛在生态环境资源、种苗、生产、加工以及科学技术研究相互衔接，具有种植、加工、贸易的完整的产业链。

海南菠萝在我国菠萝产业中的优势地位十分明显，由于海南年均温高于广东，并具有比较强的日照强度，海南菠萝相对比广东菠萝早1个月上市，且冬春果菠萝糖度高、质量优，市场优势明显，海南菠萝产业具有比其他省份独有的产业优势。同时，海南是我国菠萝栽培新品种引进最多的地区，主要由台商引进和推广。新品种主要种植在海南的中西部和北部，其中香水菠萝主要种植在昌江境内，面积比较大；金钻菠萝主要种植在东方、昌江、万宁、定安；甜蜜蜜菠萝主要种植在澄迈。目前，台商引进海南的新品种，采用种植大苗、地膜覆盖和水肥一体化等种植模式，已经成为菠萝生产中增加产量和提高品质的一个重要因素，加上大型公司的介入,推动了海南菠萝生产标准化,生产水平不断提高。

福建菠萝种植面积和产量曾在20世纪90年代达到顶峰,近年来种植面积下降明显,2019年种植面积从2014年的3 027公顷下降至899公顷,产量仅为1.7万吨。

近年来,贵州、四川等干热河谷区域也开始小面积试种菠萝,并取得了一定的成功,可作为晚熟菠萝生产区域,于8—10月上市。

中国台湾的菠萝主要种植在台中、彰化以南,集中在台湾南部,按照栽培面积从大到小依次为屏东、台南、高雄及嘉义县,这些地区的种植面积约占台湾岛菠萝种植面积的78%。其余各地约占22.4%左右。其中屏东的菠萝种植面积最大为2 700公顷左右。

台湾早年的菠萝发展以加工制罐外销为主,卡因种是主要的栽培品种,但是近30年来,为适应国际经济结构变化及开拓鲜果销售市场,台湾农业试验所嘉义分所进行了高品质鲜食菠萝的品种选育工作,陆续推出了台农11号、台农13号、台农16号、台农17号等酸度低、糖度高、品质优良、具有特殊风味及不同生产采收期的菠萝品种。近年来,这些品种已陆续推广到海南、广东、广西、福建和云南等地区。

表1-1　2020年广东湛江农垦菠萝生产大型农场的生产情况统计表

农场名称	年末实有面积（公顷）	收获面积（公顷）	产量（吨）
红星农场	1 906.67	1 035.00	46 575.00
友好农场	775.03	553.00	34 886.00
南华农场	671.75	311.95	19 652.70
五一农场	279.00	223.00	12 711.00

（续）

农场名称	年末实有面积（公顷）	收获面积（公顷）	产量（吨）
幸福农场	570.00	203.00	7 400.00
火炬农场	247.1	103.00	7 005.00
金星农场	594.67	343.67	18 260.00
东方红农场	160.54	88.93	5 004.00
广前糖业发展有限公司	5.20	5.20	234.00
湛江农垦现代农业发展有限公司	1 288.49	332.00	14 584.00
广垦（湛江）红江橙农业科技有限公司	0.66	0.66	0.40

第二章 菠萝主要品种介绍

1.巴厘 又称菲律宾（广西），属于皇后类。植株中等大，株型较开张，叶全缘有刺，叶面中央有红色彩带，两边有狗牙状粉线，叶背被白粉。吸芽2～4个，裔芽1～9个，单冠，花为淡紫色（图2-1，图2-2）。果中等大，单果重0.75～1.5千克，圆筒形，也有微锥形，小果数90～120个，排列整齐，果眼深，果肉深黄，肉质较脆，果汁中等，香味浓，可溶性固形物含量为13%～15%，可滴定酸含量0.47%，每100克鲜重维生素C含量3～13毫克，口感甜酸适度，是鲜食早熟品种。本品种耐瘠薄、耐干旱，高产稳产性能好，抗性强，耐贮运。易催花，适宜产期调节，可以周年生产，但低温季节成熟果实酸度高，易黑心。目前是我国占绝对地位的主栽品种，在广东雷州半岛、广西、海南等地大面积栽培，栽培面积为菠萝栽培总面积70%以上。

图2-1　巴厘菠萝花序　　　　　图2-2　巴厘菠萝果实

2.无刺卡因 又称沙捞越（福建及台湾）、夏威夷（广西）、南梨（广东潮汕）、千里花（海南、广东湛江），属卡因类。植株高大健壮，叶缘无刺、近叶尖及叶基部有刺，叶面光滑、中央有一条紫红色彩带，叶背被白粉。果重1.5～2.5千克、最重达6.5千克，长筒形；小果大而扁平、呈4～6角形，果眼浅；（图2-3，图2-4）果肉淡黄或淡黄白，汁多，可溶性固形物含量12%～14%，可滴定酸含量0.4%～0.5%，每100克鲜重维生素C含量4～14毫克。口感细腻，稍酸，7月成熟的果实品质好，为迟熟品种。吸芽少、芽位高，3月开花裔芽多，4—5月开花裔芽极少。由于果大、果眼浅，最适制高档全圆片糖水罐头。栽培上要求较高肥水条件，抗病能力较弱，易感凋萎病。果皮薄，易遭日灼及病虫危害，不耐贮运。夏季催花成花较难，目前主要在粤东、云南西双版纳等地栽培。

图2-3　无刺卡因菠萝花序

图2-4　无刺卡因菠萝果实

3.神湾　又称新加坡（广西、台湾）、台湾种（福建）、毛里求斯等，属皇后类。1915年从国外引入广东中山神湾种植而得名。植株较巴厘稍矮，株型较开张，叶较窄，叶缘有刺，叶面中线两侧有狗牙状粉线，叶背被白粉；植株分蘖力强，裔芽呈丛生状。果重约0.5千克（图2-5，图2-6），短圆筒形；果肉深黄、质脆、汁少，香味浓郁，鲜食品质甚佳。可溶性固形物含量14%～15%、可滴定酸含量0.5%～0.6%、每100克鲜重维生素C含量2.9～12.8毫克。早熟、不耐贮运，吸芽特多、果小、产量低，栽培日渐减少。

图2-5　神湾菠萝花序　　　　　图2-6　神湾菠萝果实

4. 台农17号　又称金钻、春蜜。株型半开张，叶片比较直立，叶尖及基部有少量的浓密紫红色短刺，叶片浅绿，幼嫩叶片顶部为红色，叶片中央具淡红紫色的彩带；冠芽有刺，长度中等，最高冠芽长度为16.0厘米；果实呈长圆形，平均单果重1.3～1.5千克；果眼大小中等，较浅，果肉光滑细腻，纤维少；果心亦可食用，可溶性固形物含量为14.8%～16.8%，口感及风味均佳，为台湾南部主要的栽培品种。近年来在广东雷州、徐闻及海南万宁、东方、昌江等地表现比较好，品质最佳期在4—5月。高温多雨季节成熟品质明显下降，风味变淡。10—11月天气凉爽，品质好转。夏秋高温多雨季节较难催花，易发生生理性病害如裂柄、裂果，需要精心管理及配套栽培技术（图2-7，图2-8）。

5. 台农16号　又名甜蜜蜜。植株高大健壮，叶缘无刺，叶表面中轴呈紫红色，有隆起条纹，边缘绿色，叶片长，较为柔软，不耐高温；小花外苞片紫色（图2-9，图2-10），果实长圆筒形，成熟果皮草绿色（夏季）或橘黄色（冬季），果肉黄或淡黄色，少纤维，肉质细致，果皮薄、果眼浅，切片即可食，平均单果重1.0～1.4千克，夏秋季果实可溶性固形含量15%～23%，可滴定酸含量0.39%～0.57%；冬春季果实可溶性固形含量15%～18%，可滴定酸含量0.60%～0.90%。自然成熟期在6月底至7月初，4—

图2-7　台农17号菠萝花序　　　　　图2-8　台农17号菠萝果实

5月成熟品质最佳，适合进行产期调节周年生产，但高温多雨季节生长过于旺盛，催花难度较大。果柄较长，容易倒伏，结果期可增施钾肥或搭立支架预防。

图2-9　台农16号菠萝花序　　　　　图2-10　台农16号菠萝果实

6. 金菠萝　又名MD-2、73-114。植株半开张，生长健旺，叶片深绿色、无彩带、宽大、少刺，吸芽每株1～2个，裔芽少，冠芽中等大小。果实为圆柱状，单果重基本可达1.5千克，最重达

2.5 千克，成熟时果皮金黄色，香气浓郁，果肉呈橙黄色、质地较硬，纤维稍粗，果心偏硬，可溶性固形物含量为 14.6%～15.5%，可滴定酸含量 0.60%～1%，每 100 克鲜重维生素 C 含量为 25～60 毫克，果皮薄、果眼浅、食用方便。该品种为中迟熟品种，同一时期催花比巴厘晚熟 25～30 天。该品种适应性强，营养生长旺盛，苗期耐低温，比较容易催花，果实耐贮运，抗黑心病，但苗期及电石催花后容易感染心腐病，果实发育早期易受寒害引发果实畸形及小果褐腐病，春季易自然开花（图 2-11，图 2-12）。

图 2-11　金菠萝花序　　　　　　图 2-12　金菠萝果实

　　7. 台农 11 号　又名香水菠萝。株高中等，株型开张，叶片绿色，中央具紫红彩带，较直立，仅叶尖有少量刺，叶片较短，着生密集；裔芽较多，吸芽 1～2 个；果实呈长圆形，平均单果重 1.19 千克，果眼大小中等，果眼深度小于 1.0 厘米，果肉多汁，肉质细滑；果实具有特殊的香味，可溶性固形物含量为 14.6%～16.0%，可滴定酸含量 0.69%～0.84%，口感偏酸，耐运输、抗性强，但果实相对金钻、甜蜜蜜、金菠萝等品种较小（图 2-13，图 2-14）。在广东湛江自然成熟集中在 7 月，易患水心病，而在海南表现较优，目前主要栽培于海南昌江县、万宁市、琼海等地，累计在海南省的种植面积已经达到 5 万多亩[*]。

　　* 亩为非法定计量单位，15 亩 =1 公顷。——编者注

图2-13　台农11号菠萝花序　　　　　图2-14　台农11号菠萝果实

8. **维多利亚**　属皇后类。植株中等大，株型开张，叶片宽大，绿色，有时叶片中部有红色彩带，并有排列整齐的刺。果实圆柱形，纵径14～16厘米，横径9.5～11.0厘米，中等大，平均单果重1.42千克，最大单果重2.02千克；小果扁平，90～125个，直径2.8厘米，成熟时果皮金黄色，果眼微突，果眼深0.80～1.01厘米，小苞片有小刺。最长螺旋方向的果眼数14个，果肉金黄色，肉质及果心爽脆，纤维多，香甜多汁，鲜食口感佳；果心稍大，果皮厚度0.43厘米，果肉可溶性固形物含量为15.0%～22.2%，总糖含量为14.20%～15.39%，总酸含量为0.39%～0.43%，每100克鲜重维生素C含量为59.07～66.07毫克，自然成熟时采收品质优。抗病、耐瘠薄、耐贮运，综合评价优良，为欧洲市场销售的品种之一（图2-15，图2-16）。

9. **粤脆**　植株较高大，叶片数多，分蘖力中等，吸芽1～2个，冠芽出现复冠比例较高。叶片狭长、较直立、硬且厚、半筒状，叶面有明显粉线，叶槽深，叶面、背披有较厚的蜡粉，呈银灰色，叶缘有硬刺。正造果呈长圆锥形（催花果形为筒形），近果顶部稍有凹陷，果大，平均单果重量1.5千克，最重达3.5千克，

图2-15 维多利亚菠萝花序

图2-16 维多利亚菠萝果实

果皮黄色，果肉黄色、肉质及果心均爽脆、汁较多、纤维少、香味浓，可溶性固形物含量为15.2%～23.0%。该品种适应性强，丰产性好，鲜食果实品质优于巴厘（图2-17，图2-18）。

图2-17 粤脆菠萝花序

图2-18 粤脆菠萝果实

10. 台农4号 又称剥粒菠萝，植株中等偏小，平均株高54.5厘米，株型开张；叶刺布满叶缘，叶片绿色，紫红色的条纹分布在叶片两侧，叶片背面有浓密的白色茸粉，叶片较短；裔芽多，单冠，单果重0.60～0.75千克（不带冠芽），果实上部小果不发育，有果颈，短圆筒形，可剥粒，果眼中等微隆，平均果眼数36.4个，排列整齐，果眼深度1.1厘米。果肉金黄，肉质滑脆，清甜可口，果肉半透明金黄，纤维较少，水分适中，别具风味。可溶性固形物含量15.74%～16.40%，可滴定酸含量0.42%～0.57%，每100克鲜重维生素C含量53～100毫克。5月下旬至6月中旬成熟，为早熟品种，较耐贮运。曾为台湾主要鲜果外销品种之一，且该品种从引进到消化、推广时间之短、规模之大、效益之好是我国菠萝引种史上少见的。但是由于该品种产量较低，近年来已少有种植（图2-19，图2-20）。

图2-19　台农4号花序　　　　　图2-20　台农4号果实

　11. 台农6号　又称苹果菠萝（图2-21，图2-22）。植株生长旺盛，叶片较为开张，叶面较厚，韧性强，表面绿色中央有苹果红色条带，叶缘有倒钩状刺。果实圆球形或短圆形，平均单果重1.0～1.3千克；果眼扁平，果皮薄，成熟时为淡黄色，果肉浅黄细腻，少纤维，清甜汁多，果心稍大，风味佳，可溶性固形物含量为13.26%，可滴定酸含量约为0.6%，糖酸比18，每100克鲜重维生素C含量21.5毫克。该品种易催花，成熟期与巴厘相近，果实最佳生产期为5—6月。

图2-21　台农6号菠萝花序

图2-22　台农6号菠萝果实

12. 台农13号　又称冬蜜菠萝。植株高，叶长直立，株型紧凑，叶片有凹槽，叶尖及基部常见零星小刺，叶面草绿色但中轴呈紫红色；果实略呈圆锥形，平均单果重1.25千克，果目略突（图2-23，图2-24）。果肉金黄色，菠萝特有风味浓郁，纤维稍粗，果心偏硬，可溶性固形物含量为15.7%～17.8%，可滴定酸0.18%～0.27%，每100克鲜重维生素C 9.61～11.71毫克。自然果产期为6月下旬至7月中旬，果实容易水心，宜早采收。最佳生产期为8月至翌年2月。

图2-23　台农13号菠萝花序

图2-24　台农13号菠萝果实

13. 台农20号 又称牛奶菠萝（图2-25，图2-26）。植株高大，平均株高126.7厘米，叶长，较柔软，叶全缘无刺，为典型的管状叶。叶片暗绿黑色，果实圆筒形，平均单果重1.7～2.0千克，果梗细长，果实灰黑色，成熟果皮暗黄色，果肉乳白色，纤维细，质地松软，风味佳，具特殊香味，可溶性固形物含量为17.2%～19.0%，可滴定酸含量为0.48%，每100克鲜重维生素C含量为26.4～28.1毫克。最佳生产期为6—10月。为晚熟品种，成熟期比无刺卡因迟20天左右，贮运性较佳，9～12℃可贮藏2个星期。该品种易催花，为高品质鲜食品种，但苗期不耐寒，易倒伏。

图2-25 台农20号菠萝花序　　　　图2-26 台农20号菠萝果实

14. 台农21号 又名黄金菠萝、青龙菠萝。植株中等偏高，叶片表面翠绿色（图2-27），叶缘无刺，仅叶片尖端有小刺，株型开张，长势旺盛；果实圆筒形，果目苞片及萼片边缘呈皱褶状；平均单果重1.34千克，平均小果数179个，果眼略深，果皮较厚，果心稍粗；果实发育后期之果皮呈现绿色，成熟时转为鲜黄色（图2-28），果肉颜色黄至金黄，肉质致密，纤维粗细中等；可溶性固形物含量为18.4%～21.5%，可滴定酸含量为0.57%～0.63%，香气浓郁，鲜食性佳。6月中下旬成熟，易催花，生产期调节时2—3月成熟，果实易患水心病，适宜上市期为4—11月。该品种在透气性好的沙砾土中生长较旺，果实收获后植株容易凋萎，需加强后期管理。

图2-27　台农21号菠萝花序　　　图2-28　台农21号菠萝果实

15. 台农22号　又名西瓜菠萝（图2-29，图2-30）。植株高大，株型紧凑、较直立，生长势强，叶剑形，叶缘无刺，叶片表面叶色纯绿，不具有彩带，叶背面附绿白相间宽横纹，菠萝果实近圆球形，果面平整美观，冠芽垂直竖立，冠芽大小与果实比例

图2-29　台农22号菠萝花序　　　图2-30　台农22号菠萝果实

协调美观；台农22号菠萝未成熟果颜色深绿色，成熟果果皮呈金黄色；果实较大，平均单果重1.98千克，平均小果数138个，果眼浅，最重果可达5千克以上，果肉金黄色、汁多、口感香甜、酸度较低，可溶性固形物含量为14%～15%，可滴定酸含量为0.19%～0.30%，为优质鲜食品种。因果实重，果汁含量高，不耐长途运输。自然果成熟期在6月底至7月初，易催花，适合生产期为5—10月。

16. 台农23号　又名芒果菠萝。株型紧凑、叶片较开张，生长势强，叶片宽而短，无刺或尖端有刺，成熟叶片叶尖为紫红色至黄褐色，上有纵向条纹，幼嫩叶片为绿色，果实近圆球形至长圆筒形，平均单果重1.35～1.50千克，小果数120～135，小果发育齐全，果形美观，果皮平滑，果眼浅，成熟时为金黄色（图2-31，图2-32），冠芽垂直竖立，较短小；果肉金黄、果汁较少，纤维长而细，具芒果特殊风味，可溶性固形物含量为16.57%～18.00%，可滴定酸含量0.28%，每100克鲜重维生素C含量5.93毫克。该品种成熟6月底至7月初，不容易水心，果实货架期长，耐贮运。适合在春夏之交上市。

图2-31　台农23号菠萝花序　　　图2-32　台农23号菠萝果实

17. 手撕菠萝　又名小目手撕，是台农4号的优选品种。植株高大，叶缘有刺，叶片表面灰绿色，长而窄，中央有一条狗芽状粉线，果实长圆锥形，平均单果重1.2～1.4千克，小果数平均160个，果面突起，果眼较浅，幼期果面密布一层白色蜡粉，成熟后果皮黄绿色，果肉金黄色，可溶性固形物含量为18.6%～21.5%，可滴定酸含量为0.34%～0.57%，每100克鲜重维生素C含量为6.9～17.0毫克。该品种在果实基部果眼间空隙变大时即可采收，果皮青绿色果肉已呈黄色，也可将果实留至果皮全黄，整个采收期可持续近2周，该品种自然果在6月中旬至下旬成熟，易催花，不易水心，耐贮运，有很大的发展潜力（图2-33，图2-34）。

图2-33　手撕菠萝花序　　　　　图2-34　手撕菠萝果实

18. Josapine　又名红香菠萝。马来西亚育成的杂交品种，植株中等，叶片较为开张，新抽生叶片及成熟叶片近基部为红褐色，其余部位叶片为浅绿色，中央无彩带，边缘略带紫色隆起条纹，叶片尖端及基部有微刺，叶缘无刺。果实圆筒形，平均重量0.55～0.75千克，果皮薄，小果扁平，未成熟果果皮为深紫色，完全成熟时果皮呈红黄色，香气浓郁，果肉颜色金黄，纤维稍粗，果心较硬，可溶性固形物含量18.5%～21.0%，可滴定酸含量为0.35%～0.58%，风味佳（图2-35，图2-36）。该品种极易催花，果实耐贮运，抗黑心病，货架期长达3周。

图2-35　Josapine菠萝花序　　　　图2-36　Josapine菠萝果实

19. **珍珠菠萝**　又称台农136号。果实较大，单果重超过1.5千克，植株较高大，叶片中央有紫色，较为直立，叶片较长，有少量的刺分布于叶尖，植株的平均高度超过70厘米，有个别个体达到90厘米的高度，该品种极易催花（图2-37，图2-38）。果实锥化度为0.99，有果颈，果眼中等微凸，深度0.9厘米，果实纤维少，果汁量多，可滴定酸含量为0.45%，可溶性固形物和维生素C含量较少，可食率为68.4%，果实冠芽较少，裔芽数量较多，平均为8个，催花植株无裔芽。可作为加工品种。

图2-37　珍珠菠萝花序　　　　　图2-38　珍珠菠萝果实

第三章 菠萝的生物学特性

一、形态特征

　　菠萝是多年生单子叶草本植物，成株高1～1.6米，冠幅1～2米，叶片自茎基部呈螺旋式放射状生长，外形细长呈剑形，革质，叶缘有刺、少刺或无刺，成株短缩茎长20～30厘米。茎尖抽生肉穗花序，形成聚花果，果实顶部着生冠芽，基部或果柄上着生裔芽，果实生长过程中茎上产生吸芽，有的品种还会从地下长出块茎芽（图3-1）。当第一造果实成熟后，吸芽快速生长，可以代替母株继续结果，开始第二造果生产周期，如此循环可以连续收获多年，但是果实会变小，且生长不整齐，商业生产中由于对产量和整齐度的需要，通常第一造收获后重新耕种，在土层深厚的山区，为防止水土流失，可以选择吸芽位置低的品种行宿根栽培，一种多收。

图3-1　菠萝植株地上部分
A.冠芽　B.果实　C.裔芽
D.果柄　E.叶片　F.吸芽
G.块茎芽

（一）根

　　菠萝没有主根，初生根仅出现在实生苗中，当种子萌发时，由胚根发育而成，发芽后很快死亡，在胚轴生出许多粗细相等的不定根。无性繁殖的芽苗根系由茎节上的根点萌发气生根，当气生根接触土壤后，就成为地下根。气生根根系是植株的重要组成部分，分布在植株茎部的腋生根区和各种芽苗基部的叶腋里，它和根点一样，抗逆性很强，耐寒、耐热、耐湿、耐旱、耐晒，能在空气中较长期地生存，保持吸收水分养分的功能。此外菠萝根尖，通常共生菌根，菌丝体能够在土壤含量低于凋萎系数时，从土壤吸收水分，增强植株的耐旱性，又能分解土壤中的有机质，供给植株所需要的营养元素。气生根、地下根及菌根构成了菠萝的不定根系。一株中等大小的植株，有根600 ~ 700条（图3-2）。根发生的数量与定植时所采取的种苗大小成正相关，种苗越大越重，发根越多，此外还与繁殖材料有关，以冠芽作种苗，在定植后第一年内所产生的根多，根群

图3-2　根系

比较浅而分布广，吸芽和裔芽所产生的根较少，根群分布深而狭，以后则差异不大。根是由根点萌出穿过茎的皮。因繁殖材料的不同，根的入土深浅，随土壤而异，在理想条件下，土壤根系可以横向延伸1 ~ 2米，纵深85 ~ 90厘米，一般多分布在表层土下40厘米左右，90%集中在10 ~ 25厘米土层中，水平分布约1米，以离地面30 ~ 40厘米范围内最多。菠萝地下根属于纤维性的须根，好气浅生，喜疏松、肥沃的土壤，忌渍水、通气不良的重黏土或过于疏松而无黏粒的沙土、海滩土；若种植过深，地下根则生长

瘦弱。土层浅、易板结的果园，根系分布也浅，根群裸露，则根生长受阻碍，植株容易衰老；反之，土层深厚、疏松的果园，植株根深叶茂，丰产而寿命长。

菠萝根系对温度的反应较敏感，生长最低温度为5℃，15℃时根系生长迅速，29～31℃生长最快，高于43℃和低于5℃时，根系全部停止生长，如低于5℃持续一周，根即开始死亡。在我国大部分菠萝产区4—9月根系旺盛，6—7月偶尔干旱高温时也会造成根系短时间缓慢生长或停止生长。秋冬干旱根系生长缓慢，12月以后天气转冷，寒潮来袭，根逐渐停止生长。每年12月至翌年1月近地表的根群常因干旱寒冷而枯死，到翌年春暖时再发根。在广东南部及海南栽培的菠萝2月上中旬根系开始生长，3—5月发根数量多，5月下旬至10月上旬根生长最旺，10月下旬至12月上旬根生长缓慢，12月下旬至1月遇干旱或寒潮袭击，地表面的根系会出现枯萎，叶片变黄现象。

（二）茎

菠萝的茎是黄白色肉质近纺锤形圆柱体（图3-3），长20～25厘米、茎基部较窄，直径2～5厘米，顶部较宽，5～8厘米。茎是贮藏器官，含有丰富的淀粉，当果实采收后，茎部的淀粉含量会急速增加，以供幼芽生长所需。菠萝的茎分地下茎和地上茎。地上茎介于生长点与地面之间，直立挺拔，被螺旋状排列的叶片包裹着；茎的下部则埋入土中，形成地下茎，又称块茎，一般被气生根和粗根缠绕。地下茎形状则因种植材料不同而异。裔芽作繁殖材料，茎会典型的弯曲成逗号状，用吸芽作繁殖材料，弯曲度较小，而用冠芽作材料

图3-3　茎

则较为直立。叶片去除后，茎部叶痕处肉眼可见节点，节间距很短，因此整个叶盘看起来非常密集和直立。茎顶部是生长点，扁平状，高3～5毫米，宽5毫米，可分为分生叶或分生花的原始体，在营养生长阶段，茎会不断分生叶片，在发育阶段则花芽分化形成花序，花序抽出时，茎伸长显著增快，近顶部的节间也逐渐伸长。老熟的菠萝茎上每个叶腋有一个休眠芽和许多根点，当花芽分化时，植株顶端优势受到抑制，有些休眠芽开始相继萌发，形成裔芽和吸芽，可供将来繁殖所用。越靠近顶部的芽抽生越早。茎的粗细、长短是植株强弱的重要指标，茎粗壮，长出的叶片宽厚，苗就强健；茎短小，所发生的叶少而薄，苗长势就弱；果实收获后，茎越粗壮，生产出的吸芽就越多越壮，反之，就少而弱。菠萝生长期间，随着地上茎的伸长，气生根位置也越来越高，不易伸入土中，植株容易早衰，培土可以促进气生根伸入土中成为地下根吸收土壤中的养分，特别是在宿根栽培时，由于吸芽着生部位逐年上升，气生根更不易深入土中，因此，培土是菠萝田间管理中重要的措施。

（三）叶

菠萝叶片无柄，以2/3圆周围自地上茎依次绕着茎部螺旋状向上生长并向四周放射状簇生（图3-4），果梗上也有少量叶片。叶片在茎上的排列方式即叶序，大果型的菠萝品种为5/13叶序，小果型的为3/8叶序，相当短小。每一植株叶片数40～80不等。顶部总叶片短而直立，成熟叶片剑形，基部宽，不含叶绿素。叶长45～100厘米，宽5～7厘米，厚0.20～0.25厘米。外观扁平，呈剑形，革质，表面光滑，叶面中间呈凹槽状，有助于集聚雨露于叶片基部。叶片颜色浅绿至深绿色，因花青素含量的高低、有无又可分为黄绿、深绿、紫红、暗红，等等，彩带有或无，分布在中央或者叶两侧，叶缘因不同品种可分为有刺（图3-5A）、少刺（图3-5B）或无刺（图3-5C）。完全无刺的品种，下表皮往上折叠盖在叶边上，并延伸到上表皮，产出一条狭窄的银边，为滚边型叶（piping leaf）的一条明显特征。叶片生长过程中遇到短期的环境胁迫还会出现叶宽和叶刺的变异。

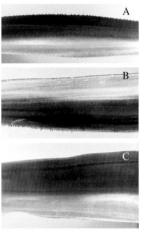

图3-4　菠萝植株叶片　　　图3-5　菠萝植株叶片（放大）

菠萝叶片的颜色，彩带状态、叶刺分布、叶刺的密度及生长方向等不同种间存在差异，如金菠萝叶片深绿色，叶片无刺，中央无彩带；巴厘叶片灰绿色，中央有暗红色彩带，全缘有刺；而卡因类的叶片绿色，叶片少刺、叶刺只分布于叶的尖端，中央有彩带；Josapine 叶片紫红色，叶边两侧有彩带，新长出叶片颜色比成熟叶片颜色更深。台农20号品种叶片浅绿色，全缘无刺，叶片比其他品种凹槽更深。同一品种在不同季节、不同太阳辐射条件以及不同生育期有所差异。带有彩带或叶片为彩色的品种，遮阴或低太阳辐射条件下花青素合成较弱，叶片颜色偏绿色；太阳辐射强，叶片呈现颜色变深，彩带明显。

菠萝叶含有一层厚的角质层，上表皮结构特殊，包括含有硅酸体的单层细胞，与叶轴方向垂直，被厚的波状侧壁和细胞内壁所固定；皮下组织；由多层薄壁细胞构成的贮水组织，占叶片厚度的1/4 ~ 1/2；叶肉富含叶绿体，下表皮叶背银灰色，也被有一层银白色蜡质毛状物，可减少水分的蒸发，上下表皮均有气孔，尤以叶背的槽底气孔最多，（每平方毫米70～90个），呈长条状排列。气孔上密生着蜡质毛状物，这种旱生型植物结构，有阻隔水分蒸腾的作用，同时气孔夜间才开张，使菠萝蒸腾系数远远低于其他作物，因此，菠萝具有很强的抗旱性。从外观看来，叶片中央部分较厚，稍凹陷，两边较薄而向上弯，形成了叶槽，叶片自下而上，层层叠覆，至顶端构成了一个特殊的储水装置，有利于收集微量的雨滴和露水，使水分聚于基部，为根茎基部的白色组织和茎节上的根点所吸收。叶的这些形态特性，使得经由叶面施肥及植株心部灌注植物生长调节剂进行催花等技术在生产中广泛应用，成为促进菠萝生长发育的有效增产措施。

　　叶片内部有较发达的通气组织，可贮存大量空气和二氧化碳，有利于光合作用和呼吸作用。叶片生长随气候而变化，华南亚热带地区年平均每月抽生4片叶子，植株的绿叶数、叶总面积与果实的重量有直接关系，具40张叶片就能开始花芽分化，叶面积达0.8～1.0米^2（30～40张叶片）一般就可产果1千克，每增加3片叶，果重增加20～30克。

　　叶片的生长是盘旋上升生长的，为了研究方便，Malavolta（1982年）将叶片按照产生的顺序分为A、B、C、D、E、F六大类（图3-6），A代表最老叶片，F代表最嫩叶片，而D叶片，也就是最长的叶片，叶片束起来时，最长的3片叶子（D叶）的叶面积可以作为判断植株营养状况及计算产量的指标。D叶一般在种植后8～12个月时出现，其叶片长度和宽度对判断叶片制造养分的能力有一定的借鉴作用，D叶可以较为准确地反映整个植株的生理状态，一般可作为营养诊断的采研对象。

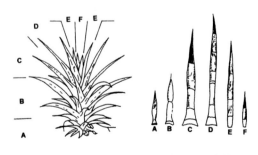

图3-6　按照叶龄不同菠萝植株叶片的分布状况

A.最老叶片　F.最嫩叶片

（四）芽

依着生部位不同而分为冠芽、裔芽、吸芽、块茎芽四种。

1.冠芽（图3-7） 也叫顶芽，由果实顶端生出，具有短缩茎，茎上密集长叶，像一顶帽子保护果实不受烈日暴晒。正常果实只有一枚冠芽，也有双冠芽或多冠芽，有的品种冠芽发育期遇到高温容易形成双冠芽或多冠芽，植株株龄太长太老时再催花也容易形成畸形的多冠芽，果实呈扇形。冠芽大小与品种、植株及果实发育有关，皇后类如巴厘冠芽短小而紧凑，卡因类如无刺卡因冠芽大而松散；通常着生裔芽数少而果实小的植株，冠芽会较大且生长迅速。低温干旱季节冠芽偏小，高温潮湿季节冠芽偏大，果实偏小，冠芽相对也大。

2.裔芽（图3-8） 也叫托芽，着生于果实以下的果梗上，从果梗的叶腋处发生，基部比较弯曲。裔芽的数量因植株营养状态、品种类型、结果季节不同，差异很大，一般为3～5个，多的甚至有30个，不仅生于果柄的叶腋里，还密集围绕于果实基部，看上去像是把整个果实托起，故俗称托芽。同一品种，果实于冬季及早春成熟的植株相对较少，而果实夏季成熟的植株产生裔芽多，经人工催花的植株产生的裔芽比自然成花的要少，乙烯利催花的

图3-7 菠萝冠芽

图3-8 菠萝裔芽

植株产生的裔芽相对比电石催花的少。

3.吸芽（图3-9） 着生在地上茎的叶腋里，一般在母株抽蕾后抽生，基部较直立，相对比较强壮，形成次年的结果母株。吸芽接近成熟时会长出白色粗壮的根。

4.块茎芽（图3-10） 着生于地下茎，露出地面后成为块茎芽。块茎芽由于受母株荫蔽，通常比较弱小。

冠芽、裔芽、吸芽和块茎芽都可以作为菠萝的繁殖材料，由于吸芽、块茎芽抽生最早，其次为裔芽，冠芽最晚，因此以这些芽苗作为种苗时，果实的成熟时间也依次延迟。吸芽粗壮、成熟早，是大多数菠萝品种的繁殖材料，尤其对于中晚熟的品种，如无刺卡因、金菠萝等品种，吸芽无疑是最为理想的材料，而生产中的巴厘和台农系列裔芽较多，吸芽相对较少，主要用裔芽作为种苗。同时吸芽着生于茎部叶腋处，常年积水，芽苗含水量较高，裔芽着生于果柄外，相对较干燥。夏季高温多雨季节，吸芽作种苗，种植前需要进行暴晒和执行更为严格的消毒。

图3-9 菠萝植株吸芽　　　　　　图3-10 菠萝块茎芽

（五）花

菠萝花序为顶生复总状花序，花芽分化后从叶丛最中央生长点抽生（图3-11），花序基部有5～7枚总苞片，通常呈红色（极少数为绿色或浅黄色），比普通叶片要短而狭小。抽蕾后小花一朵一朵由下往上绽开，但亦有不规则开放者，开花后除了花瓣、雄蕊、花柱凋萎之外，花不脱落，遗留下来的组织向外突起，形成果目。小花数为50～200朵，野生种较少，栽培种较多。小花围绕肉质中轴按照大果型8/21叶序，小果型5/13叶序作螺旋状排列，聚合呈松球状。菠萝的花是无花柄的完全花，每朵花有肉质萼片3枚，花瓣3片，长约2厘米，基部白色，上部为紫色、深紫色或蓝色，花瓣互叠成筒状仅供较小的昆虫进入花朵内，雄蕊6枚，分两轮排列；雌蕊1枚，柱头3裂，子房下位，有3室，每心室有14～20个胚珠，分两轮排列。小花外面有一片红色苞片，个别品种为绿色，花谢后转绿色或呈紫红色，至果实成熟时又变为橙黄色。

图3-11　菠萝花序

自然条件下，无刺卡因叶片35～50片，巴厘40～50片，神湾20～30片时，遇到低温干旱便开始花芽分化。无刺卡因正造花于11月下旬至12月下旬开始分化。整个花序分化期30～45天。高温多雨地区，进入分化较晚，大苗比中小苗早分化10～20天。若7月间进行人工催花，花序在10～14天内分化完成，若10月间人工催花则需30天左右才完成花芽分化。花芽形态分化分4个时期：

1.未分化期 生长点狭小而尖，心叶紧叠不展开，叶片基部青绿色。

2.开始分化期 生长点圆宽而平，向上突起延伸，心叶舒展，叶片基部黄绿色。

3.花芽形成期 生长点周围形成许多小突起，花序和小花原始体形成，叶片随花芽发育膨大而束成一丛，叶基部出现淡红色晕圈，即"红环"，也有极个别品种出现淡绿色晕圈。

4.抽蕾期 小花苞片分化完成，冠芽、裔芽原始体形成，心叶变红，极个别品种心叶变淡绿色或淡黄色。菠萝正造花抽蕾为2—3月，从花芽分化到抽蕾大概需要60～70天。

（六）果实

菠萝果实为聚花果（图3-12），有多个小果按照一定的叶序（大果型8/21叶序，小果型5/13叶序）作螺旋状排列，亦即果实横向小果通常为5～8行，斜向螺旋的小果13～21列，基部小果较大而饱满，顶部小果较小而不饱满，小果的大小、形状和特征以及果目的大小、形状、深浅与菠萝的种类、品种及是否应用植物生长调节剂有关。最上部的小花与

图3-12 菠萝果实

冠芽连接处，仅有小果苞片，没有小花，果目不膨大，形成果颈，果颈长短不一，因品种而异。皇后类果目较为突起，握在手中有扎手的感觉，使用赤霉素壮果以后，会变得相对扁平一些，而卡因类的果目扁平。菠萝果目的深浅影响果实的加工性能和可食率。在同等栽培管理下，小果的数目决定果实的重量。果实形状依品种不同有圆筒形、圆锥形、圆柱形、圆球形等，果形和色泽与种类及品种有关，但环境和栽培措施也可以影响果实形状，通常情况下，冬季催花或者自然开花的果实形状比夏季催花的果实要长一些，夏季催花果实发育后期，遇到冬季低温，小果发育不良，故果形容易出现圆锥形或者塔形。此外，催花方法也影响果实形状，通常乙烯利催花的果实偏短圆一些，电石催花的果实较长。菠萝果实由肥厚的花序中轴和聚生在周围的小花的不发育子房、花被、苞片、萼片基部融合发育而成，花序中轴发育成中柱，即果心，子房和花被发育成果肉，果肉颜色有深黄色、黄色、淡黄色、淡黄白色、白色等，质地因果肉纤维多少而有脆、软之分。果皮颜色因品种和成熟程度而异，未成熟时果皮呈现红色、绿色、紫色或紫褐色，成熟时果皮颜色有黄白色、浅黄色、金黄色或红色等（图3-13）。菠萝果实成熟后通常会散发出令人愉快的香气，少数品种香气较淡，一般果肉金黄、有机酸含量高的品种香气较为浓郁。果肉纤维的多少、果汁的多少、香味浓淡等性状与加工、鲜食、贮运有着密切的关系。

图3-13　菠萝果实

从花序抽生到果实成熟需要120～180天。果实的纵横径或者鲜重的增长呈单S形，速度以谢花后20天生长最快，以后变缓慢。

具体的生长发育期因品种和抽蕾时间及其生长时期的温度而异。目前早熟品种有杂交品种Josapine，皇后类的巴厘、手撕菠萝、黄金菠萝，谢花后60～70天成熟。中熟品种有台农16号，台农17号70～80天成熟。晚熟品种有金菠萝、无刺卡因和台农20号，谢花后90～100天成熟。

（七）种子

菠萝是异花授粉作物，具有自交不亲和性，同一品种的不同单株间花粉授粉也不能结种子，胚珠在开花后很快退化，果实成熟时在子房处仅能发现一些黑色的小痕迹，故一般的鲜食品种无种子。不同品种间的异花授粉，如人工杂交、蚂蚁传粉和蜜蜂传粉均可以产生种子，种子位于花腔下的子房内（图3-14），种子似芝麻，长3～5毫米，宽1～2毫米，有细长形、三角形或稍带瓜子形，一面扁平，一面弯曲，种孔处较尖，种皮粗糙、坚硬，成熟时呈现褐色、红褐色、棕褐色或黄棕色（图3-15），内含坚硬胚乳与一个小的胚。经异花授粉，一个果实可结几十粒、上百粒甚至一千多粒种子，亲和性较好的亲本杂交，一个果眼内的种子可以达到28粒。异花授粉最佳的时间为3—4月的晴天上午9时到下午5时。

图3-14　菠萝杂交果实横切面

图3-15　菠萝杂交种子

二、菠萝对环境条件的要求

（一）温度

菠萝是多年生植物，原产地在美洲的热带及亚热带地区，包括巴西中部和南部，以及阿根廷的北部与巴拉圭，亦即在南美洲南纬15°—30°和西经40°—60°之间的地区。性喜温暖，最适于生长的温度为28～32℃，菠萝根系对温度的反应比较敏感，15～16℃开始生长，在年平均气温23℃以上和高湿条件下，菠萝生长发育良好，10～14℃时生长缓慢，或低于5℃时，表现为新根停止生长，叶不能继续生长，果实发育停滞；当气温稳定在14℃时菠萝才又开始恢复正常生长。0℃是菠萝受寒害严重的临界温度。气温降至0℃，如持续时间达1天以上，会造成植株心叶腐烂，根系冻死，果实萎缩腐烂；如气温达-2℃时，全株死亡。气温过高也不适宜于菠萝生长和果实发育，当叶面温度达到40℃时，植株生长受抑制，向阳面的嫩叶或老熟叶也会受灼伤，叶片黄化、弯曲变软；超过43℃根系停止生长，叶片和果实生长发育停滞。种植在沙土上的菠萝，叶面温度在40℃以上时，叶片大部干枯，如遇久旱，会造成一些植株枯死。

（二）土壤

菠萝对土壤的适应性很广，除过湿、过黏的黏土和保水力差的沙质土外，由花岗岩、页岩或石灰岩风化而成的红壤、黄壤、砖红壤，它都能正常生长结果，贫瘠浅薄的沙质土壤，黏重中等及沙质土壤都可栽培菠萝。喜酸性土壤，pH在4.5～5.5之间，在疏松肥沃，温暖湿润，土层深厚，有机质含量在2%以上，结构和排水良好，并含有丰富铁铝化合物的酸性土壤生长迅速且旺盛。黏重瘠薄、通气不良，强酸性或pH 6.0以上的土壤均不利于菠萝生长。常年积水、排水不良或过于板结的土壤，易引起心腐病、根腐病和凋萎病。施钙或石灰过多的土壤，植株容易表现缺锌的症状。由此可见，菠萝对土壤条件并不苛求，只要排水和通气良好及石灰含量低的土壤，根系可伸入地下深处，菠萝生长就强壮。

菠萝是浅根性植物，要注意抓好园地的水土保持工作，及时进行培土中耕，避免表土冲刷，根群暴露。山地斜坡建园时必须等高开垦起水平畦种植。

（三）水分

菠萝耐旱性强，在年降水量500～2 800毫米的地区均能生长，而以1 000～1 500毫米且分布均匀为最适，我国菠萝产区年水量多在1 000毫米以上，又多集中在生长旺盛的4—8月，基本满足了对水分的要求。土壤缺水时菠萝植株有自行调节的功能，降低蒸腾强度、减缓呼吸、节约叶内贮备水分，以维持生命活动，但生长发育仍需一定的水分，若严重缺水，叶片由绿色转为红黄色，叶缘向内卷曲，叶片变薄，生长停滞，果肉发干，此时需及时灌溉，以防干枯。生产中如雨水过少，连续两个月以上不下雨时，应进行适当的灌溉能促进菠萝植株及果实生长，从而提高单位面积的产量。

雨水过多时，土壤湿度太大会造成土壤通气不良，使根系腐烂，出现植株心腐或凋萎。因此，在大雨或暴雨过后需及时开沟排水，建园时平整好土地，避免在低洼地带种植菠萝。

（四）光照

菠萝较耐阴，但经过长期人工驯化栽培以后，对光照的要求已增加。光照合适可以增产和改善品质风味。光照充足，菠萝光合作用旺盛，碳水化合物累积多，植株生长强健，产量高品质优；如果光照不足，植株生长缓慢，叶片会变得细长，叶肉变薄，果实小，可溶性固形物含量低，品质和风味较差。在高温和强日照下叶片和果实都会灼伤。

第四章　菠萝栽培技术

（一）优良种苗的基本标准

优良种苗需具备以下基本条件：

1.新鲜　从植株上摘下的芽苗，在相对干燥、温度适宜的存放环境下，可贮存数月，仍保持着生活力，但芽苗离开母体后，养分不断消耗，生长势减弱，种植后，影响生长，不如新鲜芽苗种植的好，秋季干燥条件下，芽苗一般应随摘随种，高温多雨时采摘，应在阳光下暴晒至略显萎蔫，切忌不要堆积过久。

2.健壮　芽苗生长健壮，叶片宽大肥厚，叶多而密，茎粗，芽心向上直立。

3.健康　从无病区采集种苗，仔细检查，不带病虫害和其他物理伤害的芽苗方可采集，有粉蚧、根腐病、黑腐病、心腐病的种苗易发生传播传染，有伤口的种苗易腐烂。

4.大小合适　尽量选中等大小的芽苗，不要选块茎芽或太小、太大的芽苗：块茎芽生长势弱，果小，产量低；太小的芽苗种植后发根慢，生长势弱，结果慢；太大的芽苗，种植不久即有可能花芽分化，早结果，果小，产量低。

（二）种苗采摘及基本处理

果实采收时注意观察是否保持该品种固有的优良特性，如发生了果形、叶刺等相关性状的劣变，宜做好标记或去除，以保证品种的纯正。采苗时应选择无病虫害及健壮植株，且必须紧握芽苗基部摘下，若手握位置偏上，芽苗心部容易受伤，采苗后将芽苗倒置在母株上让伤口干燥（图4-1），不可堆置，以免腐烂。若裔芽苗基部有瘤目者，宜切除，以免栽培后腐烂。种苗在母株上经太阳暴晒3～7天后植株即可绑扎成捆，倒置于田间（图4-2）。

图4-1　吸芽倒置晾晒　　　　　图4-2　捆扎倒置待种植

（三）育苗方法

1.**母株育苗法**　菠萝的冠芽、裔芽、吸芽及块茎芽都可用来繁殖种苗（称为芽苗），均可从结果植株上直接采集成熟的芽体（图4-3）。

由于其在植株上着生的位置、生长的时间及在成长过程中所获得的条件不尽相同，因此，不同类型的芽苗在形态及定植后的生长结果表现也不相同。为了培育优质健壮的芽苗作繁殖材料，需从具有品种优良特性、植株健壮、无病虫害、果实外观正常的优良结果母株上取芽苗繁殖。

图4-3　母株上的芽苗

①吸芽。吸芽是母株处于生长最旺盛阶段所抽生的芽。用吸芽繁殖，其优点较多，定植后生长快，结果早，果实中等，可溶性固形物含量高。用作种苗的吸芽要充分成熟，叶身变硬、开张，长25～35厘米，有幼根出现时即为成熟的表现，方可摘下。一般采果后割除部分基部老叶及果柄，雨后全园撒施复合肥（N：P：K=15：15：15）每公顷105～150千克，吸芽长至30厘米以上即可摘下作种苗用。为了增加吸芽种苗数量，将上部裔芽或第一批吸芽摘除后，可用刀割除已取芽部位，使下方茎部其余的休眠芽继续萌发，追施速效氮肥和复合肥，促进吸芽快速生长，再继续剥离。一般菲律宾品种一个母株平均可得吸芽40多个，如须用20厘米高的老熟大苗，则每一母株可分出6～8个。

②冠芽。有的品种吸芽少而冠芽粗壮且较长，如金菠萝、无刺卡因，可用冠芽来繁殖，直接将成熟果实的冠芽取下经消毒处理后插植于土壤中，即可长出根系，发育成植株。用冠芽繁殖的植株果大、开花齐整，成熟期较一致，通常种植1年半以后才开花、结果。但缺点是种植后易受心腐病或黑腐病危害，而且结果周期长。在采苗时多加留意，将种苗倒置于棚架上或植株上暴晒几天，时间不可过长。种植前剥除基部老叶，种苗浸药处理，可避免发病。摘除冠芽的时间是在冠芽成熟时：芽长20厘米以上，叶身变硬，上部开张，剥去基部叶片后，显出褐色小根点时，即为成熟的表现。用冠芽作为种苗定植的菠萝，植株生长整齐，叶片多，果实大，成熟较一致。广州地区卡因品种在6月采下冠芽作种苗；广西菲律宾品种在7月正造果收获时摘下冠芽。

③裔芽。着生在果柄上侧芽，植株抽蕾后10～25天，开始萌生，每株2～6个，有些品种或品系，裔芽特别多，有时会超过10个以上，最多的可达30个。裔芽与果实和吸芽竞争养分，裔芽太多，会影响果实生长发育，果实基部接触不到阳光，小果发育不良，单果重降低，吸芽数量也会减少。过多的裔芽应及早分批摘除，只留2～3个，作为种苗用。摘除裔芽宜在晴天上午进行，伤口可快速愈合，以免感染。以裔芽作种苗，所结的果实大，成熟

期比较一致，果形佳，品质较好，但发根较慢。裔芽的发生数量因植株生理状态、品种、栽培管理、结果季节不同，差异很大。冬季和早春成熟的果几乎无裔芽，而夏果裔芽多。无刺卡因3月开花的，裔芽5～6个；5月开花的，几乎无裔芽。巴厘、香水菠萝、Perola、黄金菠萝裔芽数量可多达10个，经乙烯利催花后数量减少2/3；金菠萝自然开花裔芽2～3个，乙烯利催花后几乎无裔芽。

④块茎芽。也叫蘖芽。从地下茎发生的芽，此类芽苗在生长过程中长时间受母株地上部的遮阴与抑制，接受阳光较少，茎细，叶狭长，生长势较弱，进入结果期慢，且果实小，产量低，生产中很少用作种苗。新品种选育过程中因种苗稀缺，亦可使用，虽当季果实偏小，仍不失为生产出优良二代种苗的好材料。

由于土地资源有限，为了节约生产成本，减少地租支出，需要尽快重新翻耕更新土壤时，可以将采下的小裔芽和采果时碰落在果园中的小冠芽、小裔芽、小吸芽和果瘤芽，分类种植在苗圃中。苗圃地宜选土质疏松，排水良好，肥沃的土段，经多次犁耙后起畦，畦高20厘米、宽120厘米、畦沟宽40厘米。畦面土壤混入等量的蚯蚓粪，定期浇水，确保土壤湿润，等小苗高25厘米时即可出圃供大田定植或出售。

（四）快速育苗法

1.老茎育苗法　果实采收后，已取过多次吸芽的母株，茎部较老，基部叶老化，但茎部尤其是地下茎仍存在较多的休眠芽。把整个植株拔出，砍去果梗，去掉母株上的所有叶片，剪去缠绕在老茎上的根系，将老茎纵切成两半，也可以将老茎横切成2厘米厚的茎片。切面朝上，在太阳下暴晒1～2小时，用甲霜灵500倍液+45%咪鲜胺500倍液+15%阿维·毒死蜱500倍液浸泡30分钟，晾干后排列于沙床，切面朝下，覆盖1厘米厚的沙子，7天后伤口完全愈合不发霉，才可以浇水，之后保持沙床湿润。10天左右潜伏芽开始萌发，20天陆续长出地面（图4-4），2个月后，老茎苗长到10厘米左右，用手按住老茎块，小心摘去幼苗，假植于苗床或营养袋中，5个月即可长成30厘米的大苗，可以出圃。原有的老茎在沙床中将继续萌发新芽，直至所有的潜伏芽萌发。若不及时摘走长出的芽，老茎苗可在切茎6个月后直接出圃（图4-5），但因顶端优势的关系，其他潜伏芽的生长受到抑制，繁殖系数会小很多。每一植株的老茎通常可以繁殖出20～25棵芽苗，视茎上休眠芽的数量而定。

图4-4　老茎横切后萌芽　　　　图4-5　大田老茎育苗床

不同时期进行切片繁殖效果不同，以3—5月为最好，因为此时天气较为凉快，空气湿度较小，老茎切分时茎块不容易感染病菌，后期气温逐渐升高，雨量渐多，有利于萌芽以及假植后芽苗的发根和生长。7—9月，气温高，雨水多，老茎含水量高，切片容易腐烂。且后期由于天气逐渐变冷和干燥，蒸发量大，不利于潜伏芽的萌发以芽苗的假植，10月以后，气温逐渐下降，萌根萌芽很慢，切片易枯死或腐烂。

2.芽苗快速育苗法　所有的芽苗叶腋内都有休眠芽，但在顶端优势下，平时不萌发，以人为方式将生长点破坏后，即可刺激腋芽萌发，培育成种苗，常用的方法有：

①芽苗纵切法。用刀将较大的冠芽、裔芽切成四等分，使茎部

分离，把心叶抹去，原生长点虽被破坏，但叶尾部还连在一起，把芽苗平放整齐，太阳下暴晒（图4-6 A），使伤口干燥，用甲霜灵、咪鲜胺等杀菌剂浸泡15～20分钟，晾干后扦插于已用多菌灵消毒的沙床，30天后，每一个切片可同时长出1～3个芽苗（图4-6B），50天左右即可将芽苗取走，继续将切片埋于沙床，如此可收获3～4次，一个切片可繁殖4～12株苗，一个冠芽可繁殖16～32株。

图4-6 芽苗纵切

A.纵切四等分 B.潜伏芽萌发成苗

②生长点去除法。用尖而锋利的刀将正在营养生长的菠萝植株生长点挖除，挖除生长点后，用广谱杀菌剂灌心，防止伤口受真菌、细菌感染，以促进侧芽生长。此方法由有经验的人员操作，挖心时挖太深，伤口易感染；挖太浅，生长点没有去除。也可以直接砍去植株的地上部分，晴天进行，不需要消毒，15天后即可长成新芽，3个月后长成大苗（图4-7）。

图4-7 挖除生长点3个月后

③冠芽叶芽扦插法。菠萝冠芽上着生叶片40～70片，每个叶片基部带有腋芽，在适宜温湿度环境下可以发育成独立的个体。选取健壮冠芽，用锋利刀片从冠芽叶腋处小心割取含有芽点并带有肉质茎的芽片（图4-8A），放置于450～550倍多菌灵中进行消毒10～15分钟；扦插在已用多菌灵消毒的含有体积比（3～5）：1=河沙：椰糠基质的沙床中，保持沙床湿润。14天左右潜伏芽开始萌动，肉眼可见0.5厘米左右的白色芽点。60天后芽长到5～6厘米长，5～6片叶时即可将移栽（图4-8D）。移栽前要进行消毒，移栽基质以河沙：椰糠：泥炭土质量比为（0.5～1.5）：（0.5～1.5）：1的移栽基质或体积比为（3～5）：1=蚯蚓粪：椰糠较好。一个熟练工人一天可以切出约4 500个芽片，相对于其他菠萝育苗技术，叶芽插育苗成本低，见效快，成苗时间短。成苗时间为8～12个月。并能实现高达40～60的繁殖系

图4-8　叶芽扦插育

A.一个冠芽的所有芽片　B.扦插苗床　C.独立的小苗　D.穴盘苗

数，所获得的芽苗生长整齐一致。

　　3.组织培养法　　用菠萝的叶基白色组织、花蕾、休眠小腋芽、茎尖等为外植体，均可诱导分化出完整的植株。采用刚成熟果实上的冠芽中层叶片基部6～8毫米白色部分的叶段诱导成功率最高。经过消毒、愈伤诱导、分化培养即可诱导分化较多的芽苗。较理想的叶组织培养基是1/2MS培养基，添加2,4-D 0.2～1.6毫克/升+6-BA 1～2毫克/升，蔗糖浓度2%～6%，pH 5.6～5.8。温度控制在22～30℃，每天光照10～12小时，光照度1 500勒克斯左右。当小苗长3～15厘米时，可移至阴凉通风处炼苗5～10天（图4-9），炼苗完成后洗净根部培养基，用多菌灵或甲霜灵浸泡10分钟，移植于21孔标准育苗盘中，育苗基质可选用纯蚯蚓粪，拌入少量多菌灵，注意保持基质湿润。新根长出后，每个月用含0.5%的复合肥+2%的尿素混合溶液叶面喷施一次。8～10个月后，苗高达30厘米左右，即可出圃，可供有灌溉条件的果园，若无灌溉条件，当苗高至20厘米时

图4-9　生根组培苗

可将穴盘苗按照10厘米×10厘米的株行距假植于四周通风的防雨大棚内，等种苗高达30厘米时即可出圃。叶片外植体培养出来的幼苗变异较多，茎尖组织培养的幼苗变异率约为7%。生产上应注意剔除变异株。对于新选育的材料及稀有的新品种可以采用这种方法，其缺点是第一代苗有10%～20%的变异率，由于组培苗相对常规芽苗较为弱小，植株生长较弱，早花比例较高，果实偏小，难以真正展现该品种固有的优良特性，故组培苗一直难以被市场所接受。

　　（五）不同类型种苗的选择标准

　　应选择强壮但不过于旺盛，无病虫害、无变异的种苗种植。

1.芽苗选择的标准 在菠萝生产中，栽培品种一经确定，就要联系购买种苗。种苗种类繁多，生产中要想获得高产及高收益，必须做到同一块地用相同类型的种苗。而不同类型的种苗因种植季节、种植区域以及种植品种的不同，芽苗选择标准也不同。具体的标准是：冠芽高为15～18厘米，吸芽为45厘米，裔芽为20厘米以上，而带芽叶插幼苗及组培苗则可适当小一些。在生产实践中，可根据品种、栽培模式和种植习惯等灵活掌握。如无刺卡因由于吸芽少，20厘米左右的冠芽或裔芽就为理想的种苗，巴厘品种的裔芽、吸芽较多，可以选择40～50厘米的吸芽、20厘米以上的裔芽为繁殖材料。所有的繁殖材料，生产上必须满足的要求：品种要纯正，没有退化，未混杂，无劣变植株；种苗应具有原品种的优良性状且健壮，茎粗壮，高度达到标准，叶色浓绿，叶片要厚、要宽、叶的数量合适；无病虫害，从外观看无病虫害特别是凋萎病等症状；种苗要新鲜，采收后放置时间不要太久。

2.种苗的分级和种植要求 满足基本要求的种苗，则可以苗高、茎粗和最长叶宽来将各类芽苗进行分级，分级标准如下（表4-1）：

表4-1 各类芽苗分级标准

品种	芽种类	项目	一级	二级
皇后类或杂交种类	冠芽	苗高	26～40	20～25
	裔芽		31～45	25～30
	吸芽		41～50	35～40
	冠芽	茎粗	≥4.6	3.9～4.5
	裔芽		≥3.6	2.5～3.6
	吸芽		≥3.6	2.5～3.6
	冠芽	最长叶宽	≥2.8	2.3～2.7
	裔芽		≥3.0	2.5～2.9
	吸芽		≥3.0	2.5～2.9

（续）

品种	芽种类	项目	一级	二级
	冠芽		30 ~ 50	25 ~ 30
	裔芽	苗高	36 ~ 50	30 ~ 35
	吸芽		41 ~ 50	35 ~ 40
	冠芽		≥4.6	3.9 ~ 4.5
卡因类	裔芽	茎粗	≥3.6	2.5 ~ 3.6
	吸芽		≥3.6	2.5 ~ 3.6
	冠芽		≥2.8	2.3 ~ 2.7
	裔芽	最长叶宽	≥3.0	2.5 ~ 2.9
	吸芽		≥3.0	2.5 ~ 2.9

注：茎粗用游标卡尺在苗木基部以上3厘米处测量；以表4-1规定分别进行评判，如各项指标均达到一级指标，则为一级苗；如某些指标未达到一级苗按二级苗评判；各项指标达到二级，则定为二级苗；如某一项指标达不到二级苗，则定为不合格苗。

二、建园与种植

（一）园地的选择

菠萝园区应选择坐北朝南、冬春无严寒、阳光充足、交通方便、土层深厚疏松的地方。山地的坡度为5°～25°，不能超过25°。坡地要做好水土保持工程，否则水土流失，根群裸露，培土困难，植株容易早衰。山脚洼地，虽然土层深厚肥沃，保水力强，但霜害严重，不宜种植菠萝。

（二）开垦及整地作畦

据广东湛江的经验，新开的荒地以及前作为桉树林、甘蔗的地块，对菠萝生长很有利，长势往往比熟荒地的旺盛。新垦菠萝园需根除硬骨草、茅草、香附子等恶性杂草，必须提早除净，特别是前茬为玉米及甘蔗的地块，一定要注意香附子的提早去除。用草甘膦及杀莎草科的二甲四氯等喷1～2次，以免香附子球茎随着翻耕到处传播，种植菠萝后，杂草丛生，极难去除，不但影响植株生长，缩短结果年限，还会影响地块的重新耕翻利用。一般用拖拉机翻耕，至少两犁两耙，趁雨后土壤有一定湿度时犁翻，暴晒一段时间后再耙和犁翻2～3次，开垦深度要达30厘米，开垦时要注意多犁少耙，尽量保持土块直径在5～6厘米大小。若犁耙过碎，容易板结，透性不良，而且细土易溅积于心叶内，妨碍新叶抽生。计划铺地膜的要适当犁碎，否则地膜容易穿洞，失去原有的功能。深耕具有翻土、松土、混土和碎土的作用，能提高土壤保水保肥能力，菠萝根系生长就快，分布又深又广，果实大，产量高；如果耕作层太浅，植株根群就不能充分伸展，长势弱，结果迟，产量也低。

菠萝的畦式有3种：平畦、高畦和低畦。15°左右的缓坡可用平畦。在广东雷州半岛及海南大部分地区，地势较为平坦，排水较为通畅，种植品种耐涝性强，如巴厘品种，一般采用平畦，畦面和畦间通道相平，地面平整后直接划线种植。易得心腐病的品种金菠萝及覆膜栽培的新品种台农16号和台农17号都采用高畦，畦面高10厘米左右，畦面100～150厘米，畦沟宽30厘米。这样可以加厚耕层，土壤透气性好，有利于根系发育。坡度高于45°的山地，在全垦后，按距离分幅，幅内分畦，较陡的山坡采用垒畦整地。用泥块、草皮块垒成畦，新土放在畦面。种苗栽在垒起的草皮、泥块中，表土深厚、疏松通气、排水良好，但费工多，外壁易生草，易干旱。也可开成100厘米宽的浅沟种植。

在保水保肥力差的沙砾土山地，宜采用低畦种植，菠萝种在比地面低20厘米的土层里，可起到保水保肥的作用。

（三）品种选择

宜根据本地实际情况，结合上市季节以及销售模式等，选择对当地气候土壤适应性好，抗逆性较强、高产优质和市场畅销的品种，如金菠萝适合在海南乐东、云南西双版纳等地推广种植，黄金菠萝适合于广西、粤东等透气性好的沙砾土种植，芒果菠萝、手撕菠萝因不容易发生水心病，适合种植在雨水较多的地区，即使雨季上市也不会水心，旱季上市果肉反而容易空心或干枯。金钻、甜蜜蜜、巴厘适应性较强。

（四）覆盖方式

目前，我国大部分菠萝果园实行粗放式管理，露地种植，无覆盖，栽种和中耕施肥和培土都很方便，但雨水冲刷时表土及水肥容易流失且幼苗期植株矮小，暴雨时泥土容易飞溅到株心，阻碍菠萝生长，对土壤进行覆盖，可以减少土壤水土流失和地面水分蒸发。长期覆草，能改善土壤团粒结构，增加土壤有机质含量，提高土壤肥力，是一个一举两得的好事情。

1.植物覆盖　用于覆盖的植物材料主要有：稻草、灰叶豆、甘蔗枝叶、椰丝等，冬季可以提高土温，夏季可以降低地温，增强保湿性，防止杂草丛生，减少土壤养分特别是氮素的流失，促使植株生长壮旺，提高产量，是土壤管理中的一项重要措施。常用割掉绿肥的秸秆或稻草，利用稻草、绿肥杆等覆盖，可以调节土壤温度和水分。夏季炎热时可使土温降低3℃，冬季寒冷时可使土温提高3.2℃。土壤含水量比对照增加3.0%～3.5%，还减轻高温干旱和寒霜的威胁，促进植株的生长发育。与无覆盖比较，生长的叶片多，叶长、宽又厚，生势强，根系发育良好，产量提高。多地区菠萝盖草的实践证明，盖草可提早15天发根，增产25%，植株衰退慢，寿命长。但在雨量多的地区，会造成真菌繁殖的良好环境条件，可定期喷洒多菌灵预防真菌的发生。我国华南地区春夏多雨，秋冬干旱，因此，枯草覆盖就应以秋冬为宜。

用稻草覆盖的，不论是叶片数、叶长、叶厚等，都比无覆盖的增长20%，这就决定了菠萝速生快长，早结果，结果大；用灰叶豆覆盖的比无覆盖的好，但比不上用稻草覆盖的效果好。在叶色方面，用稻草覆盖的菠萝植株终年叶色浓绿；植物覆盖间作灰叶豆的植株，叶黄绿，不够健康；而无覆盖的植株，则在冬季中，叶色普遍变黄，植株生势减弱。在产量方面，用稻草覆盖的高，其他枯草覆盖的次之，无覆盖的最差。

2. 地膜覆盖

①地膜覆盖作用。明显提高产量和品质。增产效果很显著。7—10月10厘米深土层地温比未覆盖的提高1.2℃，11—12月提高0.65℃，土壤含水量可提高3.2%，根系发育好，发根快又多，种植后3个月的根长、根数比对照增加40%，植株生长量增加25%，地膜覆盖最明显的是杂草少，节省中耕锄草的劳力，降低成本，此外由于保水保肥效果好，植株生长比不盖膜的明显要旺盛很大，叶色较绿（图4-10）。据报道用白色地膜覆盖，最高亩产增加33.5%，而且结果后吸芽早生，抽芽率达80%～90%，芽位低，数量多，比未覆盖的每株增加

图4-10 地膜覆盖效果好

10.0%～27.4%，使可投产的母株数增加至每亩5 000株，确保亩产5 000千克。实践证明薄膜覆盖，较稻草或其他覆盖物方便，花工少，尤以黑色地膜效果更好。提倡使用可降解地膜，可减少对土壤环境的污染。

②地膜覆盖的方法。地膜覆盖是在定植前进行，先根据需要购置已打好孔的地膜或种植时自行按株行距进行打孔。铺膜前施足基肥，土壤畦面平整，粉碎大的土块，雨后或将畦面灌溉浇湿，将准备好的地膜平整铺于畦面上，菠萝苗从圆孔种下，膜四周要用土盖严实，沿海地区风大，膜上及定植穴周围也要覆土。未被地膜覆盖的大行间一般可套种豆科作物或绿肥。也可在大行间覆上膜。

（五）定植

1. 定植时期　除了特别干旱和寒冷的季节外，在我国菠萝产区全年均可种植菠萝。大部分产区菠萝主要集中在1—6月收获，考虑到种苗供应量和植株根系生长，以4—9月种植较好。4—5月间种植是利用第二次分苗或育成的种苗，植后气温逐渐升高，雨水增多，发根快，雨季来临前植株已较为健壮，抗病抗风性强。6—9月种植，种苗充足，气温高，定植后6～7天发根，菠萝生长快。但此时种植一定要选择合适大小的芽苗，对足够大的植株在10—11月进行催花，否则会面临自然开花的问题。广东湛江、海南7—9月为台风多发季节，加上冬季气候较广西和粤东暖和，10月种植比较普遍，甚至可以推迟到11—12月，此时种植可以预防菠萝自然开花。广西多在8—9月秋植。

定植时期还需根据计划采果的月份来安排。对新品种而言，应该依据不同品种的最佳采收期，以及从种植到催花再到成熟的大致日期来决定种植时间。台农16号、台农17号上市期在4—5月上市品质佳，6—7月成熟的自然果糖度和酸度均下降，如计划2022年5月前采果，则应在2020年的10月种植，2021年11月前催花。适宜在5月以前上市的品种还有维多利亚、Josapine、手撕菠萝、西瓜菠萝、芒果菠萝等，均可按此安排农事。

2. 定植方法

①定植前种苗处理。首先按种苗将芽苗分类、分级、分片种植，可使生长势和收获期一致，其次进行种苗消毒，将成捆的菠萝苗放入含有甲霜·霜霉威和50%功夫乳油500倍的溶液中浸泡10～20分钟，亦可将芽苗成捆倒立，把上述杀虫杀菌剂浓度提高一倍，用喷雾器喷湿整个根部，可有效预防粉介壳虫、地下害虫和心腐病为害，起到事半功倍的效果。

②施基肥。基肥可用牛粪、羊粪或其他生物有机肥，可在犁地时全园撒施，每亩地1吨左右，或于种植前开沟施用，由于集中施于种植沟，所需基肥可减少至250～500千克，同时加入磷肥

50 ～ 100千克，复合肥15 ～ 20千克。

③定植深度。种植时应浅种，深耕浅种是菠萝丰产稳产优质栽培的关键性措施之一。种植深度根据芽苗的类型及大小而定，种得太浅容易被风吹倒，也不易长根成活；种得太深因通气不良，根点难以萌发，返苗时间长。原则上以畦面不盖过中央生长点为好，即苗心高于畦面，这样可以避免泥土溅入株心，影响生长或造成腐烂。冠芽、扦插苗和小植株种植深度不得超过本身长度的一半，通常冠芽5 ～ 6厘米；吸芽和裔芽8 ～ 10厘米。

④定植技术。无灌溉条件的果园，种植时一定要压实、种稳，使芽苗充分接触土壤，出根快，不易因风吹断根、倒伏。在没有铺地膜的情况下，种植时可先开浅沟，将芽苗摆放于沟内，一边用手将苗扶正，一边用脚或小锄将两旁土壤往植苗处回土，边种边踩实土壤，这种方法快速而省力。若铺有地膜，可一手抓幼苗叶片，一手握小锄或削尖头的木棍，在定植位用锄挖小穴放入芽苗后，扶正芽苗，两手用力压实定植位土壤，每行植株要尽量种得平直，不歪斜弯曲。

3.定植密度　菠萝的栽植密度与植株生长发育、产量和果实品质都有密切的关系。菠萝的单位面积产量，是由其果数和单果重构成的，在一定密度范围内随株数的增加而递增，但单果重、吸芽数则随株数的增加而递减。过去，广西主栽的巴厘品种，每亩种植数不过千株，产量低于500千克，后来推行4 000株的种植规格，并采用一系列技术措施，使单位面积产量和总产量都有所提高，高产地块亩产超过5 000千克，足足翻了10倍。

定植密度因品种、土壤、地形地势、栽培管理水平不同而异。从我国当前的生产条件、菠萝生长特性和各地种植习惯以及经济效益来看，每亩栽植密度卡因类（无刺卡因）3 000 ～ 4 000株，皇后类（巴厘）4 000 ～ 5 000株。但若想兼顾单果重和商品果率，推荐种植密度为卡因类2 800 ～ 3 500株，菲律宾种3 800 ～ 4 500株。对于一些杂交新品种来说，由于更重视单果重及商品果率，一般种植密度在每亩2 800 ～ 3 500株，生势旺盛的品种如金菠萝每亩2 800 ~ 3 000株，台农16号虽然生长旺盛，但考虑到果柄较长，果实容易倒伏，可适当种密一些，每亩3 000 ~ 3 200株；株型紧凑、中等大小或较直立的品种如芒果菠萝、西瓜菠萝、红香菠萝及冬蜜菠萝可种到每亩3 200 ~ 3 500株。机械化种植由于拖拉机轮胎自身的宽度导致行距增加，目前能做到与机器匹配的密度每亩约2 500株。

合理密植增加单位面积株数，叶面积系数增加，光能利用率提高，从而提高产量。此外适当密植为植株生长发育创造了良好的环境条件。菠萝喜欢温暖湿润、松软肥沃的生长环境，忌烈日曝晒、干热风和低温霜冻。在密植的情况下，株高显著增加，叶幅较小，叶片较直立生长，形成了一个浓密的绿色叶幕，造成了"自荫"的小气候环境，直射光少了，漫射光多了，干旱季节，园内相对湿度和土壤湿度都较高，而地温则较低，有利于根系的生长。冬季有霜冻的地区密植果园由于叶片的相互遮蔽，可减少受霜面积，使受害程度减轻；同时，密度较大的情况下，植株能提早封行，叶片相互遮蔽，抑制杂草生长，保水保肥。

但密植时应注意考虑到植株个体之间相互竞争阳光和水分，要选择大小一致的种苗，加强田间管理，一旦发现长势弱的苗，应及时补充水肥，促进植株生长整齐，否则长势参差不齐，壮苗越长越壮，小苗越来越弱，而菠萝单果重与植株大小成正相关，弱小苗结小果，壮苗结大果。最终导致商品果率降低，增产不增收。

4.定植方式　菠萝的种植方式主要有单行、双行和多行种植等，在同等种植密度情况下，采用单行、双行和多行种植，菠萝的产量和田间操作的难易程度都有所不同。

①单行种植。一般对于山地菠萝园比较合适，这类园地由于坡度大、地形较复杂，比较适合单行种植。平地果园单行种植（图4-11），一亩地可以种5 000株以上，可以增加土地使用效率，及早封行，减少除草成本，缺点是通风透气性不好，容易滋生病害。

②双行种植。一般是宽窄行种植模式，窄行之间以品字形提排列，这样使得单位面积种植密度大，也便于进行田间生产作业，有利于果园的通风透光。多双行式常用的畦和沟共150厘米宽，双行株排列。它的优点是：畦沟较宽，须根能够向外扩展；畦上的株行距比较均匀，茎基互相挤靠，叶片伸展成半球面，能充分利用阳光，又易形成行间"自荫"环境，减少畦沟杂草，方便管理。用这种方式种植菠萝一般大行距（图4-12A）75～90厘米，小行距（图4-12B）40～50厘米，株距（图4-12C）随密度而变动。如广东徐闻巴厘每亩植4 000株，株距20厘米左右；每亩植4 500株，株距15厘米左右，而新品种如台农16号、台农17号株距25～30厘米，密度控制在每亩2 800～3 200株。

图4-11　单行种植

图4-12　双行种植
A.大行距　B.小行距　C.株距

③多行种植。主要适于间作，比如在幼龄的橡胶园、果园间作菠萝（图4-13A），以及管理精细或机械化程度高的果园（图4-13B），这样可以提高土地利用率，增加收入。常见的有三行和四行式。三行式单株排列的畦和沟共170厘米宽，其中畦面宽120厘米，小行距35～40厘米，株距随密度而变，一般在20～25厘米之间。这种种植方式，植株个体营养面积均匀。四行式，一般采用200厘米宽畦，畦面小行距均为50厘米，株距30厘米，畦沟宽20厘米，即大行距70厘米，可方便行人操作，两侧叶片受人

为伤害少；霜冻时叶片受害大为减轻，大果多在此两行中间获得，密度可达4 000株。

在机械化程度较高的果园，如果除草施肥及催花均实现了机械化作业，则可以根据机械臂的长度来安排行数，不用再分大小行。

图4-13　多行种植
A.三行式　B.四行式

三、除　草

菠萝是浅根性多年生草本植物，植株矮小，在新种和尚未投产的菠萝园，杂草与菠萝植株争夺阳光和养分，对其生长发育威胁很大。如新种的顶芽、托芽、组培苗和扦插苗等，由于苗小植株矮，从种植到封行的时间比较长，畦面和畦沟容易长满杂草，高温多雨季节，杂草更易滋长。为此，必须掌握时机及时除草，即做到早除（在杂草幼小阶段，不能等到杂草开花结籽）、勤除、除净。目前菠萝田的杂草种类主要是禾本科、莎草科、菊科等，如牛筋草、马齿苋、龙葵、狗牙根、马唐、莎草、狗尾草、稗草、看麦娘、苍耳、苦荬菜等。黄茅、硬骨草、香附子等一类宿根恶性杂草，应连根挖除，以防蔓延危害。

（一）人工除草

冬季低温干旱，菠萝园杂草少，3—4月以后草籽开始萌发，需及时及早进行除草。一般一个月除一次，务必做到斩草除根。封行以后至果实采收前，基本不长杂草，只需将长过菠萝植株的杂草及时去除。采果后，菠萝植株叶片荫蔽度降低，又开始滋生杂草，可根据需要进行除草。除草宜在晴天进行，清除的杂草可放置于菠萝植株上暴晒起到覆盖的效果，或者转移到地头堆积处理。人工除草可结合中耕追肥与培土一起进行，除草的同时既可以补充肥料，还可以疏松土壤环境，培土有利保护根系，有利于根群生长，促进地上部生长壮旺。

（二）化学除草

化学除草是利用除草剂干扰和破坏杂草的新陈代谢，使其失去平衡，从而抑制杂草生长、发育，甚至死亡。与人工除草相比，省工省时，除草效率高。

1.常用化学除草剂　莠灭净、草甘膦。在使用茎叶喷雾剂如草甘膦时，应该定向喷雾，防止药液喷到菠萝叶片上，以防产生药害。

2.除草剂的施用方法

（1）施用时间以晴天早上露水未干时效果最好。

（2）施用浓度和用药量在1年生杂草大量萌发初期，土壤湿润条件下，每亩用50%莠灭净可湿性粉剂250～300克，或者减半量与丁草胺、拉索等除草剂混用，兑水均匀喷布土表层。

（3）对白茅、香附子、硬骨草等恶性杂草，每亩用茅草枯1 300～1 500克兑水40～50千克；当杂草转入生长旺盛期，即用草甘膦进行喷药。一年生杂草每亩施用有效量50～100克（溶于50～100千克水中）；多年生杂草每亩施用有效量100～150克（溶于100 ～ 150千克水中）。由于杂草种类、密度、高度、龄期等变化很大，应根据具体情况，酌量增减。

（4）喷施除草剂时喷雾器不能有漏水或喷头不成雾，喷施时只能喷施在畦沟的杂草上，不能喷到菠萝叶片上。

四、营养与施肥

（一）菠萝养分吸收积累规律

1. 菠萝干物质累积规律　秋植菠萝干物质累积速率与气候、菠萝叶面积指数有密切关系，在叶面积指数较大和气候较适合菠萝生长时，菠萝植株干物质累积较快。秋植菠萝干物质累积可根据菠萝生长物候期粗略分为恢复生长、快速生长、花芽分化和果实生长4个阶段，其中巴厘干物质累积速率以花芽分化阶段（催花期至见红期，即植后352 ～ 393 天）最快，此时期植株干物质累积速率可达2.04克/天，其次为快速生长阶段（植后201 ～ 352 天），以恢复生长阶段（植后至植后201 天）最慢。卡因种干物质累积以果实生长期（植后564 ～ 685 天）最快，此时期植株干物质累积速率达1.96克/天，其次为快速生长期（植后201 ～ 488 天），以恢复生长期最慢。

巴厘和无刺卡因的植株重量与果实重量都呈显著正相关（表4-2），叶、茎、果柄的重量与果实重量也都呈显著正相关。因此，培育健壮菠萝植株是取得菠萝高产的关键措施。

表4-2　菠萝果实鲜重与其他部位鲜重相关系数

品种	植株总鲜重	叶鲜重	茎鲜重	根鲜重	果柄鲜重	芽鲜重
巴厘果实鲜重	0.938**	0.914**	0.767*	0.584	0.795**	0.745*
无刺卡因果实鲜重	0.938**	0.914**	0.767*	0.584	0.795**	0.745*

2.菠萝养分吸收特点和变化规律　　根据巴厘菠萝生长节奏和气候条件，其干物质累积可粗略分为4个阶段，植株养分吸收可粗略分为4个阶段，巴厘种第一阶段为从定植至翌年春初（植后201天），为养分缓慢吸收阶段，此阶段植株氮、磷、钾吸收量分别占收获期植株氮、磷、钾吸收量14.1%、8.8%、17.1%；第二阶段从翌年春初至催花期（植后201～352天），为养分快速吸收阶段，此期植株氮、磷、钾吸收量分别占收获期植株氮、磷、钾吸收量55.8%、52.4%、62.5%；第三阶段为催花期至见红期（植后352～393天），是养分吸收最快阶段，短短40天内植株氮、磷、钾吸收量分别占收获期植株氮、磷、钾吸收量22.2%、20.4%、14.1%；第四阶段为见红期至收获期（植后393～493天），此期养分吸收速率变缓，其氮、磷、钾吸收量仅分别占收获期植株氮、磷、钾吸收量8.0%、18.4%、6.4%。无刺卡因从定植至翌年春初（植后201天），为养分缓慢吸收阶段，此期植株氮、磷、钾吸收量分别占收获期植株氮、磷、钾吸收量10.5%、10.1%、13.5%；第二阶段从翌年春初至花芽分化初期（植后201～488天），为养分快速吸收阶段，此期植株氮、磷、钾吸收量分别占收获期植株氮、磷、钾吸收量51.2%、50.5%、55.6%；第三阶段为花芽分化初期至谢花期（植后488～564天），与巴厘种不同，此期养分吸收较少，此期植株氮、钾吸收量分别占收获期植株氮、钾吸收量8.3%、4.2%，而磷吸收极少；第四阶段为谢花期至收获期（植后564～685天），此期植株仍吸收较多养分，此期植株氮、磷、钾吸收量分别占收获期植株氮、磷、钾吸收量30.0%、39.9%、26.7%。

巴厘氮、磷、钾养分吸收最快时期为催花期至见红期，无刺卡因氮、磷、钾养分吸收最快时期为谢花期至收获期。巴厘在见红期至收获，氮、钾元素吸收很少，但磷还有约16%吸收，但无刺卡因在谢花期至收获，氮、磷、钾元素都还有26.7%～39.9%吸收（表4-3）。每公顷巴厘菠萝植株整个生长季节吸收氮、磷、钾分别为193.4千克、17.2千克、383.3千克，无刺卡因则分别为261.5千克、27.7千克、532.0千克，无刺卡因每公顷植株氮、磷、钾吸收量分别比巴厘种植株氮、磷、钾吸收量高出35.2%、60.9%、38.8%（表4-4）。因此巴厘应重视催花前施肥，而无刺卡因则应重视果实生长期施肥。在同等条件下，无刺卡因应比巴厘分别多施用35%、60.9%、38.8%的氮、磷、钾肥料。

有效的水肥供给能较好地促进菠萝植株生长并为菠萝的早结丰产创造条件。在同等条件下，氮、磷、钾、钙、镁肥对菠萝的生长、根系活力、叶绿素含量等有着不同程度的影响。其中氮对菠萝根系的影响程度最大，磷次之，钙对菠萝的叶绿素含量影响最大（表4-5）。中微量元素（如硼）对果实糖、酸含量的影响较大，而锌对果实维生素C含量的影响较大。适量的锌可提高叶片叶绿素含量，增强光合作用，促进菠萝生长发育，而高浓度的锌则对菠萝的生长起抑制作用。硼能够显著促进菠萝根系的生长，根长、根重增加。

表4-3 巴厘菠萝植株各阶段氮磷钾吸收比例

部位 时期	植株			叶片			果和芽		
	氮	磷	钾	氮	磷	钾	氮	磷	钾
苗期（0天）	1	0.30	3.52	1	0.31	3.95			
缓慢生长期 （201天）	1	0.20	3.15	1	0.19	3.55			
催花期 （352天）	1	0.19	2.82	1	0.19	3.01			
见红期 （393天）	1	0.19	2.54	1	0.19	2.69	1	0.24	1.83
果实成熟期 （493天）	1	0.21	2.49	1	0.17	2.50	1	0.31	2.63

表4-4　无刺卡因菠萝植株各阶段氮磷钾吸收比例

部位 时期	植株			叶片			果和芽		
	氮	磷	钾	氮	磷	钾	氮	磷	钾
苗期（0天）	1	0.30	2.38	1	0.28	2.70			
缓慢生长期（201天）	1	0.26	2.82	1	0.24	3.26			
催花期（488天）	1	0.25	2.70	1	0.24	3.06			
谢花期（564天）	1	0.22	2.54	1	0.20	2.99	1	0.46	1.79
果实成熟期（685天）	1	0.25	2.45	1	0.19	2.78	1	0.34	2.33

表4-5　不同品种菠萝的养分吸收量

项目	品种	氮	磷	钾	备注
单株养分吸收量 （克/株）	卡因	5.538	0.597	11.239	—
	巴厘	3.540	0.328	7.312	—
每公顷养分吸收 量（千克/公顷）	卡因	282.4	30.4	573.2	种植密度为 51 000株/公顷
	巴厘	212.4	19.7	438.7	种植密度为 60 000株/公顷

3.营养元素对菠萝生长及内源激素影响　通过菠萝幼苗水培实验发现：各营养元素对菠萝叶绿素影响的顺序为：Ca>Mg>N>K>P。以20毫克/升 $CaCl_2$ 处理的叶绿素含量最高，达到10.27毫克/克。菠萝根系活力随营养元素种类及浓度发生相应变化，各营养元素效应顺序为N>P>K>Ca>Mg。氮素对根系活

力的提高极显著优于其他营养元素。不同营养元素对菠萝地上部分各器官生长量也存在差异。氮素营养在20毫克/升时，冠幅值最大，且与其他各处理的差异达到了显著水平，是对照的2.5倍。施肥不仅能满足作物对养分的需求，而且具有对作物的生理调节作用：钙显著促进细胞分裂素和吲哚乙酸在菠萝体内的合成；适宜锌、硼浓度是有利于提高菠萝过氧化氢酶（CAT）、超氧化物歧化酶（SOD）、多酚氧化酶（PPO）的活性，降低丙二醛（MDA）含量，从而提高菠萝抗逆性。

（二）菠萝施肥技术

1.菠萝常用肥料种类及施肥方式　用于菠萝的肥料主要有氮、磷、钾单质肥料、复合肥等化学肥料、有机肥以及水溶肥等。基肥一般选用有机肥、磷肥或复合肥等长效肥料，在开好定植沟（穴）后施入。追肥主要用氮、磷、钾单质肥料、复合肥以及叶面肥等。

（1）基肥。一般在种植菠萝前通过沟施或穴施的方式进行。基肥的施用可以保证植株根系生长旺盛，满足菠萝植株早期生长提供3～4个月的养分特别是对氮和钾的需求。实践证明：施足基肥，特别是有机肥不但可以及时供应幼苗期的养分，还能起到改善土壤物理性能，增加团粒结构，使土壤疏松透水、透气良好，同时，调整土壤酸碱度，加速土壤微生物的繁殖。刘传和在澳卡菠萝上的研究结果表明，与施用无机化肥（复合肥）相比，施用花生麸、鸡粪，菠萝植株新抽叶片总数均有不同程度的提高，产量分别提高29.8%、14.5%（表4-6），可滴定酸降低0.26%、0.23%，果实可溶性固形物提高1.4%、1.0%；施用花生麸还能提高菠萝叶绿素含量、根系活力以及叶片和根系的可溶性糖、可溶性蛋白含量，并增强根和叶的SOD活性，同时增加了土壤相关酶活性和微生物数量，从而有效促进菠萝植株生长。

表4-6　施用不同有机肥对菠萝产量的影响

处理	单果重（千克）	产量（千克/公顷）	比对照增产（%）
花生麸	1.48	33 300	29.8
鸡粪	1.31	29 475	14.9
复合肥（CK）	1.14	25 515	—

注：每亩种植1 500株菠萝。

（2）追肥。分根际追施和根外追施两种，根际追施主要有以下几种方式：

①土施未封行前，可在菠萝种植行间开小沟，边施肥边覆盖土壤；或者在根际旁5厘米处挖小穴，施后盖土。也可在下雨前，将肥料撒施于菠萝根部附近土壤，有条件的可以在撒肥后进行喷灌。

②将肥料溶于水，用水管淋灌水肥。此方法方便快捷，目前被很多农户采用。

③将肥料溶于水，用施肥枪将水肥注入菠萝根部土壤中。此方法能将肥料充分施入土壤，利于菠萝植株根系吸收，效果较好，台商果园广泛使用；缺点较为费工费时。根外追施即喷施叶面肥，多用于钾肥、微量元素等肥料的追施。

④还有一种根际追施技术，即管道施肥，利用喷灌、微喷灌或滴灌，将已经溶解的水溶肥料滴入植株根际，其中应用较广泛的是滴灌。

2.菠萝施肥原则　根据菠萝干物质积累和养分吸收规律，菠萝施肥应坚持以氮磷钾配合施用，根据菠萝园土壤情况适当补充中微量元素，前期勤施、薄施，中期重施，后期补施的原则进行合理施肥。虽然菠萝对钾需要远高于氮，但在菠萝生长前期，菠萝园废有机物分解需要较多氮，因而前期要适当增加氮比例。磷不易流失，也不会挥发损失，能被植物长期吸收利用，但少量分散施用易被土壤固定，所以磷宜集中施用。在中等肥力土壤中菠萝前期施用氮钾比例以N：K_2O=1：（0.8～1.0）为宜，在中后期N：K_2O=1：（1.1～1.4）为宜，在中等肥力黏土土壤全生长周期氮磷比例以N：P_2O_5=1：（0.5～0.9）为宜，砂土则氮磷比例以N：P_2O_5=1：（0.3～0.4）为宜，全年氮磷钾施用量巴厘品种以每公顷施用1 050～1 725千克为宜（具体用量可根据产量和土壤供肥能力决定，在中等肥力黏性土壤，每公顷产60吨菠萝要施用纯氮磷钾约为1 500千克），卡因品种则应比巴厘品种多施用30%氮磷钾养分。

3. 施肥技术

（1）传统施肥技术。

①雷州半岛巴厘传统施肥技术。

A.基肥。在种植前，开好种植沟，每公顷施用750～1 500千克磷肥，450～600千克均衡型复合肥，有条件的每公顷可施用15 000～30 000千克有机肥。

B.攻苗壮株肥。从植后20天至催花前60天，每2个月喷施叶面肥1～2次，叶面肥配方：6%～12%复合肥或复合肥+尿素[使氮磷钾比例为1：（0.25～0.35）：（0.80～1.30），1.5%七水硫酸镁，1.0%～1.3%硫酸亚铁，0.2%～0.4%硼砂]，共5～6次；雨后每公顷叶面撒施75～112.5千克复合肥+75千克尿素，共3～4次；3月每公顷开沟施用750～975千克复合肥或300～375千克尿素+750千克磷肥+（300～375）千克氯化钾，以促进菠萝茎叶生长。此时期氮磷钾肥料施用量占整个生长周期氮磷钾肥料施用量55%～65%。

C.攻蕾肥。在催花前25～30天，每公顷施用225～300千克尿素，300～375千克氯化钾或硫酸钾。

D.壮果肥。谢花后巴厘种每公顷叶面撒施75～112.5千克高钾或均衡型复合肥，卡因类品种每公顷施用375千克高钾或均衡型复合肥或112.5千克尿素+225千克氯化钾。

另外，土壤肥力高、产量低、苗木较大，当年种当年收的应适当减少肥料用量。小苗（苗鲜重小于180克的）种植的，应在前期多喷施叶面肥，通过叶面吸收养分方式来促进小苗生长发育。

②其他产区施肥技术。海南和广西的浅海沉积物发育而成的沙土、沙壤土，或福建沙土或沙壤土，由于其固磷能力较弱，可在雷州半岛磷肥施用量基础上较大幅度减少磷肥用量，但在同等产量（60吨/公顷）条件下，要增加N、K、Mg和B、Zn微量元素施用量，而且要采取多次施用原则。对于云南、广西壤黏土、黏壤土P肥施用量和N、K施用量，可在雷州半岛菠萝施肥技术基础上，根据测土所得养分含量、苗木大小、预测产量进行适当调整。中国热带农业科学院品种资源研究所贺军虎介绍了一种海南菠萝施肥实用方法，如下：

A.基肥。开好定植沟（穴）后施入。每公顷施过磷酸钙750千克，并混合施入禽畜粪7 500～15 000千克或生物有机肥750～1 500千克＋花生饼或菜籽饼1 500千克。

B.壮苗肥。植株开始抽生新叶至长出4～5片新叶期间，分3次用高氮型复合肥料，每公顷每次不超过300～450千克；中苗期后分2次施肥，第1次每公顷用尿素300～450千克＋硫酸钾150～225千克混施；第2次每公顷混合施入尿素225～300千克＋硫酸钾300＋过磷酸钙750千克。催花前一个月停止施肥。

C.壮蕾肥。在催花现红点后，每公顷用复合肥300千克＋硫酸钾150千克混施。对于容易裂果和裂柄的金钻菠萝，必须此时施入含有钙、硼等元素的微肥。

D.壮果肥。抽蕾后，每公顷用复合肥300～450千克＋硫酸钾150千克混施。

E.叶面肥。营养生长期，每月喷施1次叶面肥，推荐用1%尿素＋0.2%磷酸二氢钾混合液。开花末期推荐用1%磷酸二氢钾溶液喷果面1次。20～30天后，再用1%氯化钾溶液喷施1次。果实发育期每月喷施0.1%硝酸钾1～2次、0.1%硝酸钙镁1次，防止裂果。

（2）管道施肥技术。对于拥有喷滴灌设备的示范园可以采取管道施肥技术。将肥料溶解后以水肥形式通过管道输送到菠萝根际范围进行施肥的一种施肥方法（图4-14）。管道施肥比传统施肥可以减少30%～50%肥料用量，见表4-7。

图4-14　膜下滴管施肥

①基肥。在种植前，开好种植沟，每公顷施用磷肥750～1 500千克，有条件的每公顷可施用15 000～30 000千克有机肥。

②攻苗壮株肥。从植后20天至催花前60天，每公顷施用270～300千克尿素、225～270千克氯化钾，330～420千克均衡型复合肥（15-15-15）或相同氮、磷、钾养分含量水溶性肥料。每隔20～25天施用1次，施用浓度0.5%～2.0%，前期浓度低，中期浓度高。

③攻蕾肥。在抽蕾前25～30天每公顷施75千克尿素+150千克氯化钾或相同N、K养分含量水溶性肥料。

④壮果肥。谢花后巴厘种每公顷施用37.5千克尿素+45千克氯化钾，卡因类品种每公顷施用112.5千克尿素+225千克氯化钾或相同N、K养分含量水溶性肥料。

表4-7　菠萝生长时期不同施肥方式施肥量比较

施肥节点	施肥时期月/日	滴喷灌施肥（千克/公顷）				传统施肥（千克/公顷）			
		复合肥15-15-15	尿素	过磷酸钙	氯化钾	复合肥15-15-15	尿素	过磷酸钙	氯化钾
基肥	07/09			750		375		1 500	
	07/11		37.5		15				
	07/12	30	37.5		15	75	37.5		
	08/01		37.5		15				
	08/02	15	45		15				
攻苗、壮株肥	08/03	45	45		30	750	375	750	375
	08/04	60	45		45				
	08/05	75	60		60				
	08/06	75	60		75				
	08/07	75	60		90		375		375
壮蕾肥	08/09	15	37.5		22.5		4.5		4.5
壮果肥	08/10	22.5	22.5		30				
壮芽肥	09/03		37.5						
合计		412.5	525	750	412.5	1 200	792	2 250	754.5

与传统施肥相比，即在氮磷钾平均用量比当地传统施肥减少53.5%情况下，加肥灌溉处理株高、叶长、叶宽、叶数比传统水肥管理平均分别增长6.9%、14.0%、21.3%、16.9%（表4-8）。

滴灌施肥能促进菠萝生长发育，叶片数、叶面积指数、茎长、干物质累积量以及果实的膨大速度和果实大小等均显著增高，促进菠萝产量、商品品质以及经济效益的提高。滴灌施肥情况下，菠萝产量可达到 64 380 千克/公顷。商品品质大幅度提高，商品果率为 90.4%，较传统方式提高 11%（表 4-9），且果实内在品质未下降。氮、磷肥分别节省 42.84%、52.67%。

在广东省湛江市中国热带农业科学院南亚热带作物研究所菠萝基地进行无刺卡因果实发育期滴灌施肥试验，试验设 7 个处理，每公顷尿素的施用量分别是 22.5 千克、64.5 千克、112.5 千克，硫酸钾的施用量分别是 90 千克、180 千克、270 千克，每个处理 3 次重复。在菠萝的果实形成期分 2 次进行追肥，2 次追肥间隔 10 天，施用方式为将肥料溶于水，采用滴灌方式施入。对照灌溉相同体积的清水，以消除水分对菠萝生长的影响。种植方式为畦作，畦宽 80 厘米，株行距 35 厘米×45 厘米，每公顷植 45 000 株。结果表明追施氮、钾肥可明显提高菠萝叶片叶绿素含量，112.5 千克尿素和 270 千克硫酸钾处理均可显著提高单果重而对果实品质没有不利影响，22.5 千克尿素和 180 千克硫酸钾处理可使果实总糖与维生素 C 含量明显提高（表 4-10）。

表 4-8　不同处理菠萝生物学性状比较

处理		2007 年		2008 年			
		9 月	11 月	1 月	3 月	6 月	8 月
滴灌	株高（厘米）	36.1	36.3	40	45.5	73.9	90.1
	叶长（厘米）	34.2	34.7	37.6	44.5	73.8	85.2
	叶宽（厘米）	3.5	3.5	3.9	4.3	5.3	5.7
	叶数（片）	35	37	43	50	66	76
喷灌施肥	株高（厘米）	35.7	35.9	39.9	45.7	74.5	90.4
	叶长（厘米）	33.8	34.4	37.5	44.9	74.4	85.4
	叶宽（厘米）	3.5	3.5	3.9	4.3	5.2	5.7
	叶数（片）	35	37	44	49	65	76

（续）

处理		2007年		2008年			
		9月	11月	1月	3月	6月	8月
传统施肥	株高（厘米）	35.9	36.1	38.4	43.5	71.3	84.4
	叶长（厘米）	33.9	34.2	36.5	42.8	65.4	74.8
	叶宽（厘米）	3.5	3.5	3.5	3.8	4.5	4.7
	叶数（片）	35	36	39	42	56	65

表4-9　不同施肥处理对菠萝产量及商品果率的影响

处理/项目	产量（千克/公顷）	平均单果重（千克/个）	果实商品果率（%）
滴灌施肥	64 380	1 280	90.4
喷灌施肥	63 885	1 273	90.0
传统施肥	54 600	900	79.4

注：0.75千克以上（包括0.75千克）的果实为商品果。

表4-10　果实发育期滴灌施肥对菠萝单果重和品质的影响

肥料用量（千克/公顷）		单果重（克）	总糖（%）	每100克果肉维生素C含量（毫克）
CK		907.1b	13.21 ab	17.35 b
尿素	22.5	860.2b	14.42 a	21.26 a
	64.5	881.2b	13.03 ab	18.06 ab
	112.5	1 111.3a	13.81 ab	18.05ab
硫酸钾	90	925.2b	12.08 b	19.10 ab
	180	997.2ab	15.11 a	22.91 a
	270	1 168.8a	13.40 ab	19.43 ab

注：表中小写字母的不同表示显著性差异（下同）。

（3）叶面施肥。由于菠萝叶片具有特殊的贮水结构和吸收功能，叶面施肥效果特别好。尤其是当菠萝植株封行以后，进行土施追肥往往容易碰伤菠萝叶片，影响菠萝生长，还有可能引发病害。此外植株出现缺素症状时，叶面施肥是一种重要的补肥方式。在中微量元素的补充上，叶面施肥见效快，肥料利用率高。

4. 施肥对菠萝产量和品质的影响 在广东雷州半岛，对巴厘菠萝的研究结果表明，在保证磷、钾供应充足的基础上，随着施氮量的增加，土壤水分过多、通气不良，会导致烂根，严重影响生长及结果缓贮藏期间果实可溶性固形物和可溶性糖含量的下降，提高果实可滴定酸、维生素C和可溶性蛋白的含量。菠萝每公顷施氮225千克时，能有效改善菠萝果实的贮藏品质（表4-11）。

表4-11 不同施氮处理对菠萝单果重和产量的影响

处理	施氮量（千克/公顷）	单果重（克）	增幅（%）	产量（吨/公顷）	增幅（%）
N_0	0	970.20 ± 47.91 c	—	77.26 ± 1.52 c	—
N_1	150	$1\,108.30 \pm 53.67$ b	14.24	87.99 ± 2.13 b	13.89
N_2	300	$1\,214.50 \pm 85.84$ a	25.18	96.76 ± 2.16 a	25.24
N_3	450	$1\,089.60 \pm 59.58$ b	12.30	87.11 ± 0.48 b	12.75
N_4	600	$1\,106.50 \pm 57.18$ b	14.05	88.24 ± 1.05 b	14.22

对卡因菠萝的施肥试验结果显示，施用氮、磷、钾肥对菠萝均有增产效果，菠萝施肥增产、增收效果以及对产量的贡献率均表现为氮＞钾＞磷。在施P_2O_5 100千克/公顷、K_2O 500千克/公顷基础上，施氮降低了果实中维生素C和可滴定酸含量，增加了可溶性糖含量，而在施N 400千克/公顷、P_2O_5 100千克/公顷基础上，施K_2O增加了果实中维生素C、可滴定酸和可溶性糖含量，施用P_2O_5对果实品质影响不大。

　　除大、中量元素肥料外，施用微量元素肥料对菠萝生长和产量也有一定影响。菠萝中微量元素适宜含量受诸多因素影响（如叶龄、其他元素含量等），如磷、锰过多会影响铁吸收及其在菠萝叶片中的活性，从而容易引起缺铁失绿症。叶面喷施锌对提高菠萝叶片叶绿素含量没有显著影响，叶面喷施镁在土壤含镁相对较少的地块能显著提高菠萝叶片镁含量，叶面喷施硫酸亚铁在6个地区都能显著提高菠萝叶片叶绿素含量，从而提高产量、单果重及商品果率，产量提高幅度在8.5%～14.5%之间，单果重提高幅度在8.5%～12.8%，商品果率提高幅度在6.4%～8.3%，叶面喷施镁在土壤含镁相对较少的广东省徐闻县锦和镇、曲界镇能提高菠萝产量，但增产幅度仅有2.8%～2.9%；与喷清水相比，叶面喷施硫酸锌没有显著增加各个试验点产量（表4-12）。

表4-12　不同试验点不同处理菠萝产量、单果重及商品果率

项目	处理	调风	英利	龙门镇	丰收公司	锦和	曲界
亩产（千克）	1% $MgSO_4 \cdot 7H_2O$	3 600b	3 520b	3 650b	3 590b	3 590b	3 700b
	0.2% $FeSO_4 \cdot 1H_2O$	3 980a	3 960a	4 020a	3 850a	3 840a	4 050a
	0.2% $MgSO_4 \cdot 7H_2O$	3 580b	3 550b	3 630b	3 530b	3 560bc	3 650bc
	清水	3 530b	3 460b	3 580b	3 550b	3 490c	3 600c
单果重（千克）	1% $MgSO_4 \cdot 7H_2O$	0.90b	0.88b	0.91b	0.90b	0.90b	0.93b
	0.2% $FeSO_4 \cdot 1H_2O$	1.00a	0.99a	1.01a	0.96a	0.96a	1.01a
	0.2% $MgSO_4 \cdot 7H_2O$	0.90b	0.89b	0.91b	0.88b	0.89bc	0.91bc
	清水	0.88b	0.88b	0.90b	0.89b	0.87c	0.90c

（续）

项目	处理	调风	英利	龙门镇	丰收公司	锦和	曲界
商品果率（%）	1% MgSO$_4$·7H$_2$O	81.2b	82.0b	81.6b	80.7b	79.4b	81.2b
	0.2% FeSO$_4$·7H$_2$O	86.8a	87.5a	87.9a	85.0a	84.8a	88.0a
	0.2% MgSO$_4$·7H$_2$O	80.5b	81.3b	81.3b	80.2b	78.9bc	80.6bc
	清水	80.9b	81.1b	81.3b	79.9b	78.3c	81.5c

注：商品果率是指单果重≥0.75千克的果重量占总果重量百分比。

菠萝生长周期长，一造菠萝，小苗种植的巴厘品种要14～16个月，无刺卡因品种要23个月，但菠萝在封行后（植后7～10个月），施肥就很困难，因而使用长效肥料施肥可克服由于菠萝封行造成的施肥不便，及时提供菠萝生长所需要肥料，特别是N素肥料。使用添加了脲酶抑制剂、硝态氮抑制剂、复合肥（16-8-18）在菠萝上进行试验，免去了植后1～6个月撒施肥料的工作，有利于菠萝叶片宽度、叶重增加，等量长效肥处理的菠萝产量、单果重、商品果率显著高于常规肥处理，分别提高7.4%、7.2%、5.7%。

（三）菠萝常见缺素症状与防治

1.缺铁

（1）症状。铁是植物体内最不容易移动的元素之一，菠萝苗期缺铁时植株幼嫩叶最先表现症状，叶片为黄绿色，随后叶片失绿，叶子发黄或发红，最后叶片完全变白（图4-15A），变薄下垂，逐渐枯死。营养生长期缺铁，植株生长缓慢，与正常植株相比，明显短小（图4-15B）开花结果期缺铁表现为花序及果实呈浅黄至红色，冠芽和裔芽变黄色，果实较小，产量较低（图4-15C）。缺铁主要发生在土壤锰含量高，pH相对低、有机质缺乏的土壤，当D叶中铁锰比低于0.4时，即表现黄化症状。由于雷州半岛4—6月

图4-15　菠萝缺铁症状
A.正常叶至严重缺铁，叶片发白　B.缺铁植株（左）　C.缺铁果实

高温干旱，季节性缺铁较为严重，常在旱季结束后发生。

（2）防治方法。增施有机肥增强根系可以预防缺铁的发生。可叶面喷施1%七水硫酸亚铁水溶液2次，间隔10～15天1次。配制硫酸亚铁时每升水可加入柠檬酸或其他弱酸，将pH调至弱酸性，防止亚铁离子水解后形成铁离子。叶面喷施时应快速移动，避免溶液流入植株心部造成药害。

2. 缺钾

（1）症状。缺钾时植株生长缓慢，最早表现叶片深绿色，持续时间长则表现开放叶色发黄。叶片相对短而窄，叶片上出现坏死斑点，叶尖干枯。菠萝结果期需钾量多，往往此时缺素症状比较明显，果柄直径比正常植株细弱，到果实成熟后期，更容易倒伏（图4-16），容易遭受日灼。果肉颜色变淡，甜度和酸度均下降，香气变淡。

（2）防治方法。作物生长期定期追施含钾复合肥，当缺钾症状发生时可土施或叶面喷施磷酸二氢钾或硫酸钾及含钾复合肥。土施每亩15～20千克，叶面喷施浓度不超过0.5%。

图4-16　缺钾导致果实倒伏

3. 缺钙

（1）症状。苗期缺钙主要表现为叶片灰绿色，看上去很脏，幼叶表现出叶尖缺失，像被切割的症状，变得很脆，严重时生长点死亡，长出侧芽后症状消失。缺钙时植株花序抽生困难（图4-17），或者即使开花，也容易长出畸形果，表现为多冠芽或果实分叉成多个部分。

图4-17　缺钙导致抽蕾失败

（2）防治方法。以预防为主，在长期施用硫酸铵或土壤酸化严重的地块，可土施生石灰，亩施50千克左右。在pH 5.5左右的地块施硫酸钙，防止pH增加。

4. 缺锌

（1）症状。初发时，心叶斜向生长（图4-18），严重时扭曲在一起，植株生长迟缓可用0.2%硫酸锌喷叶。缺锌多发生在前作为甘蔗、施用了大量石灰的果园中。

（2）防治方法。发病初期即叶面喷施0.2%硫酸锌，10～15天1次，连喷2～3次。

图4-18　缺锌引起叶片斜向生长

五、灌　溉

菠萝耐旱不耐涝，土壤水分过多、通气不良，会导致烂根，严重影响生长及结果。因此雨季来临前都要检修排水系统，以利排水。平畦种植时，在地块的四周应修建50厘米×40厘米宽的排水沟。

菠萝虽然耐旱，但在苗期和果实生长发育期，需要较多的水分。因此，在芽苗定植时，特别是在定植后一个月左右时间，遇旱时灌溉，可以促进新根萌发，加速植株生长。在果实生长发育中期，果实快速增长时需要水分较多。但是在我国大部分菠萝产区，除了一些大型农场及标准化示范园，一般没有灌溉设施，均依靠自然雨水。

水源充足的菠萝园可使用微喷灌、喷灌及膜下滴灌，每亩增加成本约600元。喷滴灌往往结合着喷施水溶肥、杀虫杀菌剂进行。对于平地果园，可采用移动式管道巡回机械喷灌，在苗期和果实发育关键时期进行喷灌。

第五章　产期调节

一、菠萝的开花

整齐一致的开花是菠萝获得优质丰产的前提条件，与别的果树不同，菠萝一个生育周期只抽生一个花序，一旦花序抽出就会发育成单个果实，而且果实重量与菠萝开花时的植株重呈正相关，相同的管理水平下，植株越高大，茎越粗越长，叶片数就越多，所结的果实就越大（图5-1）。

图5-1　金菠萝果实与植株

菠萝开花可分为自然开花和人工催花，相应所结的果实也称为自然果和催花果。我国大部分菠萝产区处于热带北缘，冬季低温干旱，菠萝容易自然开花，通常发生于3—4月，相应地自然果主要集中在6—8月成熟，此时气温高，太阳辐射强，果实易受日灼，需要护果投入，高温多雨，果实采摘及贮运困难，加上正值芒果、荔枝、龙眼等热带水果及北方桃、李、葡萄等大宗水果上市旺季，菠萝鲜果需求量大幅度降低，售价相对较低。另外有些品种如台农17号、台农16号的自然果品质远远不如提早1～2个月成熟的催花果。同时，自然开花还会导致一些对低温刺激敏感的品种如金菠萝、Josapine、巴厘等品种提早开花，有的果园甚至达到60%左右，产量大幅降低。自然开花还打破生产者的工作计划，开花也参差不齐（图5-2）不利于统一进行田间水肥管理、病虫害防治、采摘等，唯一的好处是裔芽数量比较多，对于一些新品种来说，让其自然开花也是留苗的一个方法。

　　总之，菠萝自然开花给生产上带来的效应是弊大于利。

　　人工催花是指利用植物生长调节剂，人为诱导菠萝植株花芽分化，从营养生长转入生殖生长。菠萝植株生长到一定的叶片数（即达到花熟状态）后，可以通过使用外源激素人为控制开花时间。乙烯是目前唯一被证实能够直接启动菠萝生殖生长的气体激素，所有能抑制菠萝植物乙烯产生的处理都能在一定程度上抑制菠萝开花，而促进植株乙烯产生的都有利于菠萝成花。尽管每一品种从处理到开花时期不一样，但通过调节催花的时间使各品种同时开花，这在杂交育种上有着极为重要的意义。此外人工催花在生产上有以下优点：一是花期一致，成熟期一致（图5-3），果实大小相近，集中采收可降低生产成本，合理有效利用土地；二是可以有规律地保持菠萝的周年供应；三是由于统一催花，有利于统一进行水肥管理、病虫防治，使品质更有保障；四是可以根据市场需要，人为控制果实的重量和大小。应用乙烯利或电石水（有效成分为乙炔）诱导菠萝开花技术目前已成为菠萝商业化种植最关键的技术之一，不仅可以提高开花的整齐度和开花率，还可以提高菠萝的商品价值和产量。生产上要想获得高产及按计划上市，必须做好自然开花的预防以及进行催花，控花与促花相结合，达到按需调节产期的目的。

图5-2　自然开花结果参差不齐

图5-3　人工催花花期一致

二、抑制菠萝自然开花技术

近年来菠萝自然开花的弊端越来越受到人们重视，抑制菠萝自然成花主要通过两种途径：一是通过乙烯发生抑制剂抑制乙烯的产生；二是通过调整定植时期，选择适龄的种苗以及水肥管理等栽培技术措施以降低菠萝对低温的敏感度。

（一）植物生长调节剂抑制菠萝自然开花

1.氨基乙氧基乙烯基甘氨酸（AVG） 乙烯发生抑制剂AVG能有效抑制或延缓菠萝成花，叶面喷施500毫克/升可使台农18号菠萝的自然成花率降低至50%（对照为95.8%），但AVG价格昂贵，使用浓度高，使用次数必须自10月起1月每月喷两次，试剂和人工成本使得这项技术没有实用价值，无法推广应用。

2.水杨酸 采用200毫克/升水杨酸处理金菠萝后，D叶极显著增长，叶片极显著变窄，叶绿色含量降低，可溶性糖含量极显著增加，总氮含量显著增加，乙烯释放量极显著降低，自然开花率比对照（55%）降低20%。

3.多效唑 150毫克/升多效唑处理后D叶极显著变短，叶片显著变宽，叶绿素含量增加，可溶性糖含量极显著增加，总氮含量极显著增加，乙烯释放量极显著降低，自然开花率比对照降低30%。研究发现金菠萝植株可溶性糖与总氮的比值越高，植株内源乙烯释放量越多，自然开花率越高，糖氮比与自然开花率成正相关（$Y=0.0231X+1.2483$，$r^2=0.7578$）。然而施用多效唑后，仍然有25%的自然开花率且不开花的植株生长几乎处于停滞状态，这样的处理结果无法满足生产需要。

（二）通过适时定植和种苗选择预防菠萝自然开花

定植时期和种苗大小影响菠萝自然成花。400克左右的金菠萝大吸芽于4月、6月、8月、10月分批定植，自然开花率以4月和6

月定植的较高，分别为95%和90%，而8月定植的植株有55%自然开花，10月定植的为1%；以不同种苗大小的金菠萝吸芽为种植材料，于4月份定植，结果表明吸芽长度在55厘米以上，重量在500克以上的，自然开花率为95%；中等吸芽300～400克，长度为35厘米，自然开花率为40%；200克以下，长度为25厘米，自然开花率为15%，见表5-1、表5-2。由此可见通过春植小苗（200克）或秋植大苗（400克），是预防菠萝自然成花行之有效的方法。

表5-1   不同定植时期菠萝植株生长状况及开花率

定植时期	株重（千克）	D叶长（厘米）	D叶宽（厘米）	叶绿素（毫克/克）	可溶性糖（毫克/克）	总氮（%）	乙烯[纳升/克·小时)]	开花率（%）
4月	2.28aA	94.90aA	6.79aA	0.91a	1.90aA	1.55a	18.30aA	95aA
6月	1.86bB	88.58bB	6.60aA	0.84a	1.75abAB	1.67a	16.40aA	90aA
8月	1.47cC	69.54cC	5.88bB	0.94a	1.55bBC	1.71a	8.25bB	55bB
10月	0.70dD	46.84dD	4.12cC	0.82a	1.32cC	1.62a	2.80cC	1cC

注：表中大小写字母分别表示1%和5%水平差异显著性（下同）。

表5-2   吸芽重量对菠萝植株生长及开花率的影响

吸芽重量（克）	株重（千克）	D叶长（厘米）	D叶宽（厘米）	叶绿素（毫克/克）	可溶性糖（毫克/克）	总氮（%）	乙烯[纳升/克·小时)]	开花率（%）
<300	1.34cB	57.87cC	5.22cB	0.96a	1.33cC	1.56a	7.52cC	15cC
300～400	1.73bB	79.33bB	6.53bA	0.98a	1.64bB	1.48a	15.82bB	40bB
>400	2.39aA	98aA	7.01aA	1.01a	2.13aA	1.63a	21.58aA	95aA

除草剂、某些高磷钾的水溶肥施用后也有可能导致菠萝自然成花。2015年广东省雷州市发生一起农户使用某品牌的高磷钾冲

施肥喷施巴厘导致菠萝自然开花的事件，3月喷施该叶面肥，4月植株大面积开花。究其原因是菠萝植株经过一个冬季的低温干旱后，积累了大量的碳水化合物，本身已经到了开花易感状态，稍加刺激，极易成花，此时需要补充的应该是高氮复合肥，促进菠萝植株叶片转青，尽快恢复旺盛的营养生长。而使用高磷钾肥料正好起到了催花的效果。另外除草剂也容易刺激菠萝植株乙烯产生，如果不小心喷到植株上，同样会引起开花。因此除草剂的药桶应该专用或者用后及时清理干净。

三、菠萝催花技术

菠萝自然开花问题解决以后，种植者可根据生产计划来进行催花，按计划上市。催花可以使开花整齐一致，还可以使收获期避开南北方水果盛产期及台风季节，从而获得更高的经济效益，同时也是按计划进行菠萝生产，达到周年供果的重要保证。

（一）常用催花药剂

最早（1885年）人们发现烟熏可以促进菠萝开花，20世纪30年代确定烟熏的有效成分为乙烯。随后人们发现生长素类物质也能诱导开花。20世纪30年代夏威夷的果农直接用乙烯或乙炔给菠萝催花，到40年代，生长素被发现也有催花作用，人们开始用NAA催花。迄今已经发现乙烯、乙烯利、乙炔、电石（CaC_2）、α-萘乙酸（α-naphthalene acetic acid，NAA）、β-萘乙酸（β-naphthalene acetic acid，BNA）、2-肼基乙醇（β-hydroxyethyl hydrazine，BOH）等多种化学物质可诱导菠萝提早开花。据报道NAA、INA、BNA、2,4-D、琥珀酸、乙烯利、乙烯、乙炔、电石、羟基乙腈和β-羟基乙腈都具有催花作用，但只有乙烯、乙炔、电石、乙烯利使用较多。乙烯和乙炔需要特殊的加压装置，将其溶解于水后才能使用，一般应用于机械化程度高的果园。目前最常用于大田生产的是电石和乙烯利。

1.电石　又叫碳化钙，是一种灰色和黑色易燃颗粒状或块状固体，遇水后会发生剧烈的化学反应，产生乙炔气体。乙炔同乙烯一样有促进菠萝提早开花的调节作用，在生产上，它最先作为催花药剂应用到生产中，20世纪60—70年代基本都采用电石催花，随着乙烯利的发明和普及，以及电石本身易燃易爆使用起来比较复杂的缺陷，电石催花应用越来越少。最近研究人员发现一些夏季难催花的品种用电石效果比较好，主要原因是电石作用比较温和，能缓慢刺激植株花芽分化。

电石催花可分电石水灌心和电石粒投心两种方式。电石水灌心的浓度为0.5%～2.0%，即100千克水泡0.5～2.0千克电石，预先准备好清水，再按比例投入预先称量好的电石块，待水中气泡发生变弱时，将电石水溶液灌入菠萝植株的心部，大的每株灌50～75毫升，小的灌30～50毫升，以灌满心为止。注意事项：装电石水宜采用较深的塑料桶，减少乙烯气体挥发。电石水的浓度不要超过2%，以免影响催花效果，若电石水桶容量太大，催花时间长，需中途补充少量电石块保证有足够浓度的乙炔，以免乙炔散失。电石粒投心：通常每株用电石粒0.8～1克，投入露水未干的菠萝植株心部。采用电石催化应考虑天气条件和施肥水平。要选择晴天傍晚以后进行，最好于夜间11时至凌晨进行效果最佳，间隔2～3天连续使用2次。电石使用时要遵守安全生产制度，禁止用铁锤敲打。

2.乙烯利　乙烯利（2-氯乙基膦酸），被菠萝植株吸收后进入植株体内缓慢释放乙烯，或者通过菠萝基尖、叶基白色组织的气孔直接吸收溶解于水中的乙烯，乙烯为不饱和碳氢化合物，可促进菠萝体内乙烯合成酶生成乙烯，促使菠萝提早开花，乙烯利催花的使用浓度依气候和品种的不同而异，范围在$250×10^{-6}～1\,000×10^{-6}$毫克/升。低温、卡因类需要的浓度大，而高温、巴厘类需要的浓度低。在催花的同时，可以加入2%浓度的优质尿素溶液，或加入0.3%磷酸二氢钾溶液，每株灌心30～50毫升，用背负式喷雾器压液灌心。

由于当前主栽品种巴厘对乙烯利催花很敏感，故广东、海南、广西大部分地区都采用乙烯利催花。虽然无刺卡因高温多雨季节难催花，但在云南西双版纳地区，山高路远，电石需要用水多，次数也多，乙烯利使用起来更为方便，故该地区无刺卡因催花还是以乙烯利为主，也因此常发生乙烯利催花失败的事例。而对于种植经济效益高的新品种，因为种苗、肥料和地膜等前期投入高，农户为保险起见，基本上都选用电石催花。

（二）催花方法

1. 催花原则　由于电石的易燃易爆性以及使用复杂性，菠萝催花时首选乙烯利作为催花剂。只有在乙烯利催花达不到理想效果时才使用电石催花。催花药剂选定后，要进行催花试验，以能达到95%以上催花效果的最低浓度为最适宜浓度。

2. 催花前施肥管理　碳氮比是影响菠萝成花的重要因素，催花前1个月停施氮肥，防止菠萝生长过旺，不利成花。无刺卡因、台农16号、台农17号、台农22号、手撕菠萝等停止灌溉，停施含氮的复合肥料，可条施或穴施氯化钾或硫酸钾每亩15 ～ 20千克或叶面喷施1 000倍亚磷酸钾溶液2次促进植株组织中的碳水化合物积累，使叶片老化，增强茎尖对催花剂的感受能力。

3. 催花时间安排　全年各个季节均可进行催花，催花时间根据植株营养状况和果实预计上市时期决定。巴厘、手撕菠萝、红香菠萝4—7月上旬催花可当年采收；西瓜菠萝、金菠萝、台农16号、台农17号4—6月催花，可当年采收，7月以后需跨年采收。

春植大苗可于当年10—11月催花，翌年3—6月采收，西瓜菠萝、手撕菠萝、黑皮菠萝、台农16号秋冬植吸芽苗可于翌年4—6月进行催花，9—12月上市。台农16号、台农17号、红香菠萝、台农23号及金菠萝9—11月催花，翌年3—6月采收。一般11月底至2月催花意义不是很大，因为此时菠萝花芽已经开始分化，乙烯利浓度低尚可以使开花稍为整齐，但浓度高了会起反作用，使果实变小。

　　具体催花时间：易催花菠萝品种秋冬季阴天全天均可催花，夏季在傍晚以后进行，采取灌心或同浓度同体积溶液喷雾；难催花品种冬季阴天全天均可催花，夏秋季在夜间至凌晨进行。

　　4. 催花植株标准　用来催花的植株必须是健壮和发育良好的植株，其生产的果实才具有商品果实性能，因为同一品种在气候和田间管理一致的情况下，果实重量和催花时期植株的重量成正相关。巴厘品种33厘米长的绿叶数30片以上，单株重超过1.5千克；无刺卡因品种40厘米长的绿叶应有40片以上，单株重则需超过2.5千克，方能获得较高的产量。在生产实践中，主要视叶片长度和叶片数来决定。除了少数大果型的品种如珍珠菠萝、西瓜菠萝，可以适当将标准控制在2千克以下的生物量，其他品种所需达到的叶片数基本介于巴厘至无刺卡因的标准之间。植株叶片数少，也能催出花来，但果实小，商品价值低。叶片数太多，40厘米以上叶片数超过50片以上，如台农17号、手撕菠萝则容易产生多冠芽等畸形。加强管理，促进植株良好生长，在植株生长最强壮的时机进行催花，是成功的关键。

　　5.催花药剂选择　根据多年来对巴厘、台农16号、台农17号、西瓜菠萝、金菠萝等品种不同季节的催花试验，结果显示不同品种对乙烯利催花的敏感程度存在较大差异，易催花品种有巴厘、台农6号、台农19号、台农20号、珍珠菠萝、台农22号、台农23号、手撕菠萝、Josapine，用乙烯利催花，1次即可成功，如果植株长势过于旺盛，则需要催花2次；较易催花品种有台农16号、金菠萝和台农21号所需乙烯利浓度较高，植株生长太旺盛时需要催2次；难催花品种无刺卡因、台农17号在8—10月用乙烯利催花，抽苗率很低甚至不开花（表5-3），且植株心叶收缩，很难恢复正常生长。

　　易催花品种及较易催花品种用乙烯利催花，难催花品种用电石催花2～3次，或电石催花2次加1次乙烯利催花。在配制乙烯利溶液时加入碳酸钙，可以减少乙烯利的使用量，由原来的浓度降低5～10倍，且小果数目显著增加，果实明显拉长（表

5-4)。对于乙烯利催花后果实较圆的品种及小果数目较少的品种非常实用。

易催花品种秋冬季阴天全天均可催花，夏季在傍晚以后进行，采取乙烯利灌心或同浓度同体积溶液喷雾；较易催花菠萝及难催花品种冬季阴天全天均可催花，夏秋季在夜间至凌晨进行。

表5-3　台农17号菠萝催花结果调查

催花处理	开花率（%）	处理至现红天数	处理至成熟天数
CK	0eE	/	/
乙烯利400毫克/升1次	0eE	/	/
乙烯利600毫克/升1次	0eE	/	/
乙烯利1 000毫克/升1次	0eE	/	/
乙烯利400毫克/升2次	0eE	/	/
乙烯利600毫克/升2次	29.44dD	28	140
乙烯利1 000毫克/升2次	51.67cC	28	140
电石1.0% 2次	82.22bB	35	150
电石1.5% 2次	83.33bB	35	150
电石2.0% 2次	85.55bB	35	150
电石1% 2次+乙烯利600毫克/升1次	98.89aA	35	150
电石1.5% 2次+乙烯利600毫克/升1次	100.00aA	35	150
电石2.0% 2次+乙烯利600毫克/升1次	98.89aA	35	150

表5-4　乙烯利浓度对金菠萝的秋冬季催花效果

处理	抽蕾率（%）	果实重（千克）	纵径（厘米）	横径（厘米）	小果数（个）	果柄长（厘米）	冠芽重（克）
200毫克/升	35	0.88c	11.50b	11.13a	69b	14.65a	195.24b

（续）

处理	抽蕾率（%）	果实重（千克）	纵径（厘米）	横径（厘米）	小果数（个）	果柄长（厘米）	冠芽重（克）
40毫克/升+0.04% CaCO₃	100	1.13a	13.16a	10.98ab	83a	11.70bc	155.16c
20毫克/升+0.04% CaCO₃	100	0.99b	12.88a	10.71b	83a	11.35c	151.03c
400毫克/升	100	0.95b	11.52b	11.08ab	72b	14.56a	189.57b
800毫克/升	100	0.95b	11.52b	11.14a	70b	12.34b	201.29b
1 200毫克/升	100	1.02b	11.78b	11.20a	69b	11.25c	217.31a

①易催花品种。巴厘、台农6号、台农19号、台农20号、珍珠菠萝、台农22号、台农23号、手撕菠萝、Josapine：4—9月催花以40%乙烯利为催花药剂，使用浓度为1 000 ～ 1 200倍乙烯利，每株30 ～ 50毫升。或者使用10 000 ～ 12 000倍乙烯利+0.04%碳酸钙，每株30 ～ 50毫升；10月至翌年3月催花以40%乙烯利为催花药剂，使用浓度为500 ～ 1 000倍乙烯利，每株50毫升，或者使用5 000 ～ 10 000倍乙烯利+0.04%碳酸钙，每株50毫升，台农22号、台农23号如果长势较好需5 ～ 7天补催1次。

②较易催花品种。金菠萝、黄金菠萝、台农16号：4—9月催花以40%乙烯利为催花药剂，使用浓度为800 ～ 1 000倍乙烯利，每株50毫升，或者使用8 000 ～ 10 000倍乙烯利+0.04%碳酸钙，每株50毫升；10月至翌年3月催花以40%乙烯利为催花药剂，使用浓度为300 ～ 1 000倍乙烯利，每株50毫升；或者使用3 000 ～ 10 000倍乙烯利+0.04%碳酸钙，每株50毫升，植株生长过于旺盛的，间隔5 ～ 7天再催一次。

③难催花品种。台农17号、无刺卡因、台农13号、台农11号：9—10月催花以1.5%～2.0%电石水溶液为催花药剂，灌心50～75毫升，间隔2天催花1次，共催花2次，2天后再用600倍乙烯利喷雾或灌心30～50毫升；11月若持续低温20℃以下10～15天，可用40%乙烯利为催花药剂，使用4 000～10 000倍乙烯利+0.04%碳酸钙，每株50毫升，植株生长过于旺盛的，间隔5～7天再催1次。

（三）影响催花效果的因素

衡量催花是否成功的标准是抽蕾率以及果实小果数。抽蕾与否只是第一要素，其次是获得尽可能多的小果数。小果数多，果实发育好，冠芽也不会徒长，果形就漂亮。菠萝催花效果不仅直接关系到开花结果率，而且影响果实大小及外观，从而影响菠萝产量及外观品质。影响催花效果的因素不仅与催花剂的选择，施用浓度、次数及时间有关，也与植株年龄、绿色叶片数量和大小、周围空气的温度和湿度等都有很大的关系。

1.气温 由于乙烯利溶液在高温下释放的速度较快，气温决定乙烯利的使用浓度。对于易催花的品种，高温下（>28℃）天气催花所需乙烯利的浓度比低温条件下要低，而对于较易催花的如台农16号、金菠萝等品种，因生长势较旺，高温条件下则需要提高乙烯利的使用浓度。

2.催花剂 与乙烯利相比较，电石催花的刺激效果更为温和。同一品种同时催花处理，用乙烯利处理的植株开花日期要比电石催花处理的植株早10～15天，乙烯利催花的菠萝裔芽很少，果柄较短，小果数也比电石催花的少，但果实要比电石催花的重，而且后期果实更容易裂果。难催花品种高温多雨季节采用乙烯利催花时，如果使用浓度太高，即使催出花了，果实也很小，不出花的植株顶端生长亦受到很强的抑制，表现为心叶不再生长，如果雨水充足，1～2个月又能恢复生长，形成明显的分层。而电石即使催不出花，植株也能照常生长，来年自然开花也不受影响。

3. pH　乙烯利一般在pH 3.5以下性质稳定，当加水稀释后，pH达到4.5以上开始释放乙烯，但速度很慢，经气相色谱仪测定，室温下释放速度为0.49 微克/分钟，而当添加了碳酸钙、氨基酸钙、硼砂等弱碱性盐溶液（pH 8.5左右），乙烯释放量是加水的10倍，肉眼都能看到乙烯气体从溶液中冒出。因此，催花时如果加入0.04%的碳酸钙或1%的氨基酸钙或硼砂，可以使乙烯利使用浓度降低10倍，而且催花效果要比单纯用乙烯利小果数增加20%～30%，果柄较长，裔芽稍多。但由于乙烯速度释放快，应现配现用。

4.植株年龄　定植后10～12个月催花，植株足够大，对催花剂也较为敏感。株龄太长，超过13个月，植株叶片数太多，对催花剂敏感性降低，需要更高浓度或更多的催花药刺激，而且容易早衰的品种，如手撕菠萝与金钻菠萝还更容易抽出畸形的花序，在生产中一定要加以重视。

四、菠萝产期调节计划

菠萝产期调节的目的是错峰上市，周年优质均衡供应。理论上品种再单一都是可以达到周年供果，但随着人民生活水平的提高，对消费者而言品质显得比产量更重要。以最佳品质时期上市应该成为产期调节的最基本原则。每个品种有自己的最佳上市时期，典型的台农16号、台农17号、手撕菠萝、台农23号，在湛江成熟的自然果品质并不是最佳，比春季果口感和香气均偏淡，而金菠萝、无刺卡因、巴厘、Josapine、台农11号、台农21号、台农22号自然果品质非常好，巴厘、Josapine、台农21号可以比自然果提早一个月采收，品质也不错。而台农22号和手撕菠萝也可以在9—10月上市，酸度低于同时期上市的巴厘、金菠萝、无刺卡因等（表5-5）。

表5-5 产期调节计划表

品种	催花时间	上市时间
巴厘	3—6月	8—12月
	9—11月	3—5月
无刺卡因	4—10月	10月至翌年5月
台农21号	5—8月	10月至翌年1月、4月
台农16号、台农17号、台农23号	6—11月	11至翌年5月
金菠萝	10—12月	4—6月
金菠萝、无刺卡因、台农22号	自然开花	7月
巴厘、台农21号	自然开花	6月
台农13号	7—9月	12月至翌年3月

随着菠萝品种结构的优化，未来菠萝新品种会不断涌现，摸索新品种的催花技术以及筛选最佳上市时期的研究永远在路上。

此外在杂交育种时，因菠萝花朵陆续开放，花粉采集一般都是现采现用，因此花期相遇是人工杂交授粉的前提条件。经过催花处理后各个组合的父母本开花时间一致，比较方便。试验表明，11月乙烯利处理可使无刺卡因、珍珠菠萝与台农13号3个品种花期相遇，台农17号、台农19号与台农20号花期相遇。为使人工诱导的各品种花期相遇，无刺卡因、珍珠菠萝和台农13号应比巴厘提早催花8～10天，比台农17号和台农19号提早6～9天。最早熟品种Josapine则需要比巴厘还推迟15～20天（表5-6）。

表5-6　不同品种自然开花及催花花期

品种	自然成花			催花后	
	花期		持续天数（天）	花期*（天）	持续天数（天）
	2008年（月·日）	2009年（月·日）			
台农19号	4.3—4.5	3.22—3.23	15～19	47	13～15
台农17	4.14—4.15	3.29—3.30	16～19	47	14～16
台农20号	/	3.30—3.31	16～18	47	12～15
卡因	4.6—4.8	3.29—3.30	16～19	53	13～15
巴厘	4.6—4.8	3.23—3.24	17～19	45	14～17
珍珠菠萝	4.12—4.13	3.30—3.31	14～16	54	14～17
台农6号	4.7—4.8	3.30—3.31	13～15	47	15～17
台农13号	3.28—4.1	4.10—4.11	8～11	55	8～10

注：表中催花后花期以处理之日起至开花天数计。

第六章 菠萝主要病虫害综合防治

一、菠萝主要侵染性病害及防控技术

（一）菠萝心腐病

心腐病是危害菠萝生产的重要病害之一，主要侵害苗期植株，发病初期叶片暗淡无光泽，叶片逐渐变为黄绿色或红黄色，叶尖变褐、干枯，叶基部出现淡褐色水渍状病斑，并逐渐向上扩展，后期在病部与健部交界处形成波浪形深褐色界纹，腐烂组织软化成奶酪状，心叶极易拔起，由于次生菌的侵入而发臭，最后全株枯死，病菌也侵害结果株，一般发生在催花抽蕾后，甚至果实成熟前都能感病，尤其在金菠萝果园发病较多（图6-1A）。特别是高温多雨季节，土壤积水严重，病害常连片发生，病株倒伏枯死，造成严重经济损失（图6-1B）。

图6-1 心腐病田间发病症状

A.心腐病危害结果株 B.心腐病成片发生

1.真菌性心腐病

①病原菌。迄今报道有多个疫霉种都可侵染菠萝引起心腐病，主要有烟草疫霉（*Phytophthora nicotianae* Breda de Hann，异名：*P. parasitica*）、樟疫霉（*P. cinnamomi* Rands）和棕榈疫霉（*P. palmivora* Butler）。在国内，广东和海南两省均报道为烟草疫霉为害。

②发病规律。菠萝心腐病菌在10 ~ 35℃ 范围内均可生长，最适生长温度范围在 24 ~ 32℃ ，培养温度上升至34℃时，生长速度则受到明显抑制，有研究表明土壤 pH 偏高时有利于该病害的发展，pH在7 ~ 8偏碱条件下，菌丝生长速度最快。病菌能在田间病株和病田土壤中存活和越冬。带菌的种苗是此病的主要来源，含菌土壤和其他寄主植物也能侵染菌源。田间传播主要借助风雨和流水。棕榈疫霉主要从植株根茎交界处的幼嫩组织侵入叶轴而引起心腐；樟疫霉由根尖侵入，经过根系到达茎部，引起根腐和心腐。当定植后1 ~ 2个月，植株已木栓化的根冠重新萌生出新根时，心腐病病原寄生疫霉菌等就很容易侵染正在萌发的初生根。它靠菌丝或游动孢子侵入初生根表皮，向表皮下层扩展到内皮层薄壁细胞，使组织发作病变败坏，变为褐色，失去吸收水分和营养的才能。发病初期不易发觉，只见到叶色呈暗绿色，失去光泽，中心由绿色变成黄白色，叶鞘幼嫩局部开端腐朽，稍用力拔叶片，叶片即容易被拔起。重则整株叶片腐朽零落。在病株发病过程中，开始时叶片逐步褪绿，变为黄色或红黄色，叶尖变为褐色，失去光泽，叶鞘基部变为淡褐色及至黑色水渍状，其后茎腐烂，组织变成奶酪状，边缘深褐色。病部组织软腐，呈水渍状，发出特别的臭味。在高湿条件下从病部产生孢子囊和活动孢子，借助风雨溅散和流水传播，使病害在田间迅速蔓延。高温多雨有利发病。雨天定植的田块发病严重。使用病苗、连作、土壤黏重或排水不良的田块一般发病早且较严重。不同品种对心腐病的抗性也不一样，金菠萝易感心腐病。

③防治方法。一是在无病区选择健康的壮苗。植前剥去种苗基部数片枯叶后，用35%甲霜灵可湿性粉剂800倍液浸苗基部10～15分钟，倒置晾干后即可种植。二是改善园地排灌系统，避免雨后积水。三是中耕除草时避免伤基部茎叶。四是合理施肥，不偏施氮肥。五是及时发现病株，拔除的病苗集中烧毁，病株附近的植株采用25%甲霜霜霉威可湿性粉剂或58%精甲霜灵·锰锌可湿性粉剂800倍药液灌根。六是发病初期用25%甲霜霜霉威可湿性粉剂或58%精甲霜灵·锰锌可湿性粉剂800～1 000倍药液隔15天喷药1次。七是深耕浅种，定植时切忌土粒落入株心。八是采用电石催花的，催花后用25%甲霜霜霉威可湿性粉剂或58%精甲霜灵·锰锌可湿性粉剂800～1 000倍药液喷2次。

2.细菌性心腐病

细菌性心腐病发生于中部心叶的基部白色组织，有水渍状的病变，随着病情的发展，感染扩散到整个植株的叶基部，甚至成熟叶片的绿色中部叶，叶色呈橄榄绿，并肿胀。当绿色部分叶片感染后，形成黑色的侵染边界。与真菌性心腐病不同的是，真菌性仅感染白色基部组织，而细菌性会感染到整个绿叶组织。

①病原菌。病原主要是菊基软腐病菌（*Erwinnia chrysanthemi* Burkh）引起，该病菌主要存在于热带及亚热带植物中，比其他的软腐细菌需要更高的温度。

②发病规律。病菌通常由昆虫（主要是蚂蚁）携带，或通过风，雨水进行传播，昆虫咬伤或者机械伤口产生时容易感染此病菌，此外当肥害产生也容易引发细菌感染。病原菌透过叶片气孔侵染。植株定植后4～8个月为易感病时期。干旱季节植株叶片含水量较低时，病菌传播速度比较慢，高温潮湿季节，1～2周就可以完成整个发病周期。

③防治方法。一是不用带病种苗。二是植前对种苗进行消毒。三是在植株易感病时期尽量避免中耕施肥造成的叶片机械损伤，台风过后，如有叶片倒披，需及时采用杀虫杀菌剂如农用链霉素500倍液喷洒植株。

（二）菠萝黑腐病

菠萝黑腐病多发生于熟果，但未熟果也可受害，收获后在堆放贮藏期间的果实迅速腐烂。被害果表面初生暗色水渍状软斑（图6-2A），继而扩大并互相连接成暗褐色无明显边缘的大斑块，并可扩展至整个果实。内部组织水渍状软腐，与健康组织有明显的分界。果心及其周围变为黑褐色（图6-2B），病果渗出大量液体，组织崩解散发出特殊的类似香蕉的芳香味气味。本病还会侵害幼苗引起苗腐，根端及下部叶片变黑腐烂；侵害茎顶部和叶基部，病部变黑引起心腐，病部发出香味；侵害叶片引起长条形的病斑，初为黄褐色，后转成灰白色。此外病菌还会侵染已脱离母体的芽苗，在叶芽扦插时要注意选用健康冠芽。

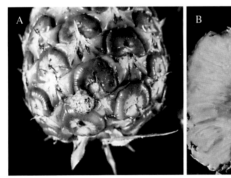

图6-2　黑腐病危害果实症状
A.果实表面　B.果实纵剖面

①病原菌。菠萝黑腐病，是由真菌引起的一种植物疾病，真菌从伤口侵入引起。病原的有性态学名为 *Ceratocystis paradoxa*（Dade）C. Moreau，属子囊菌。无性态学名为根串珠霉 *Thielaviopsis paradoxa*（de Seynes）V. Hohnel.，属半知菌。

②发病规律。病菌以菌丝体或厚垣孢子在土壤或病组织中越冬，厚垣孢子在土壤中可存活4年之久。并借雨水溅射及昆虫传

播，遇适当寄主时萌发侵入伤口危害。在贮运期间，则通过接触传染而蔓延至健康果上。收获时，果柄的切口是病菌入侵的主要途径。冬季菠萝遭低温霜冻，运输途中鲜果被压伤或碰伤，采收后堆积受日灼等均增加发病机会。温度23～29℃，果实黑腐发展最快。较甜的品种比较酸的品种病重。

③防治方法。一是不用带病种苗。二是植前对种苗进行消毒。三是后期少施或不施氮肥。四是尽量在晴天上午摘果，摘果时保留顶芽，并保留2厘米长的果柄，果柄伤口需平滑。如遇下雨，有条件的可将切口烘干或用毛笔蘸取45%咪鲜胺500倍液涂抹果柄切口消毒，防止切口感染。五是采收时轻拿轻放，防止碰伤，及时调运。

（三）菠萝凋萎病

菠萝凋萎病发病初期根部停止生长，然后组织坏死，严重时大部分根系枯死。地上部分叶尖开始皱缩失水，叶片逐渐褪绿，先呈黄色，后变为红色，整个叶片凋萎。严重时整片菠萝地呈现一片苹果红色，叶片向下反卷、紧折，植株明显缩小，最后枯死（图6-3）。

①病原。此病在干旱季节发病较多，主要是由粉蚧传播病毒引起的，其病原病毒属甜菜黄化病毒组（Closterovirus）组Ⅱ型病毒，弯杆形。

②发病规律。本病的初侵染源是带有菠萝粉蚧（若虫和卵）越冬的病株、其他寄主植物和种苗。此虫行动迟缓，在田间植株之间的迁移主要借助几种蚂蚁。当病株接近枯死前，由蚂蚁将菠萝粉蚧搬迁到邻近健株上传播为害。冬季天

图6-3　凋萎病危害台农16号植株症状

气转冷时粉蚧又在植株基部和根上越冬。一般高温、干旱的秋季和冬季易发病，但低温、阴雨的春季也常见发病。在广西产区多发生于1月和翌年3月，广东产区多发生于10月，海南产区多发生于11月至翌年1—2月。一般植株生长旺盛、肥水管理水平较高、过度密植的地块易发病且较重。山腰洼地易积水、山坡陡、土壤冲刷严重、根系外露和保水性能差的沙质土，根系易枯死凋萎。如蛴螬、白蚁、蚯蚓等咬食地下根部可加重凋萎病的发生。

③防治方法。一是消灭菠萝粉蚧壳虫，定植时用48%毒死蜱乳油500～800倍液浸泡种苗基部10～15分钟，种后若发现粉蚧壳虫为害，及时喷洒毒死蜱乳油500～800倍液。二是用50%氯溴异氰尿酸可溶性粉剂2 000～3 000倍液（有效成分167～250毫克/升）或20%盐酸吗啉胍·乙酸铜可湿性粉剂2 000～3 000倍液（有效成分667～1 000毫克/升）和1%～2%的尿素溶液喷雾处理，可使黄叶变青。三是及时发现拔除病株，防止病害蔓延。

（四）菠萝小果褐腐病

菠萝褐腐病过去主要在国外发生，近年来无刺卡因、巴厘、金菠萝栽培上均发现此病，一般发病率在1%以下，但个别年份和产地高达30%。该病主要危害成熟果，被侵染果实小果外观与好果无异，但一经剖视即可发现，被害小果变褐色或有黑色斑块，通常感病组织分散，不集中在果轴及其附近，后期变干变硬，也不易扩展（图6-4），对此病的防治关键要注意防止开花前后农事操作时的机械损伤。

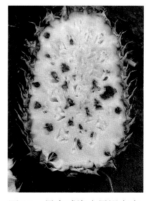

图6-4　果实感染小果褐腐病

①病原菌。该病病原菌为绳状青霉菌（*Penicillium funiculosum*），该病的发生与寄生在菠萝植株心叶的跗线螨有关。跗线螨寄生于

菠萝叶基部的表皮毛，花序的苞片和花瓣上。

②发病规律。催花后6～7周花序出现时，螨虫数量达到高峰期，青霉菌通过被螨虫咬伤的表皮毛侵入未开花的花中。催花后6周，当气温在16～21℃，青霉菌感染最为严重，紧接着，真菌在小花内部大量繁殖。因此正常开花前1～2周感染就已经发生。

③防治方法。此病重在预防。催花前2周以及催花后1～5周，可喷施杀螨剂4%阿维·哒螨灵或阿维·毒死蜱800～1 000倍液2次，花期遇阴雨天气，可喷25%嘧菌酯800～1 000倍液或者波尔多液进行防控。

（五）菠萝拟茎点霉叶斑病

菠萝拟茎点霉叶斑病有很多种类，受害叶片表现为斑点、斑块，减少光合作用面积，降低光合作用效能，使植株生长衰弱，甚至全株枯死，严重影响产量。病斑在叶面和叶背都可以见到，初期淡黄色、绿豆大小斑点，条件适宜时斑点扩大，中央变褐色、下陷，后期病斑圆形或长椭圆形，常相连，边缘深褐色，有黄色晕斑，中央灰白色，上生黑色刺状小点，即病原真菌的分生孢子盘（图6-5）。

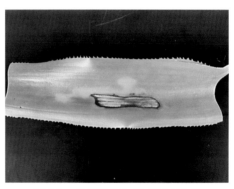

图6-5　菠萝拟茎点霉叶斑病症状

①病原。该病病原为凤梨拟茎点霉（*Phomopsis ananassae* Xiang et P. K. Chi）。分生孢子器点状，单生或合生，埋于表皮下，黑褐色，球形或不规则形。A型分生孢子无色、单胞，纺锤形或椭圆形，具有两个油球；B型分生孢子无色、单胞、线状、弯曲引起。

②发生规律。该病主要危害菠萝的中下部叶片，在苗期、大

苗期均可受害。

③防治方法。一是合理平衡施肥，增施磷钾肥，不过量施用氮肥，使植株生长结壮，增强植株抗性。二是加强田间巡查，发现病害普遍发生时使用药剂防治，发病初期喷0.05%～0.10%等量式波尔多液，若病情有加重趋势，则用250克/升吡唑醚菌酯乳油1 500倍、25%嘧菌脂悬浮剂1 500倍、18.7%丙环·嘧菌酯悬浮剂2 000倍、32.5%嘧菌脂·醚甲环唑悬浮剂1 500倍、10%苯醚甲环唑水分散粒剂1 000倍液喷施。三是加强管理，主要缺素病等，主要通过改善土壤，增施有机肥，喷微肥等办法解决。四是雨后及时排水避免积水。

（六）菠萝灰斑病

该病主要危害中下部叶片，苗期和成株期均可受害。发病初期叶面着生褪绿病斑，扩展后病斑为椭圆形或长椭圆形、褐色；病斑叶两面生淡黄色绿豆大小的斑点，条件适宜时扩大，中央变相并不下陷。后期病斑椭圆形或长椭圆形，常愈合，边缘深褐色中央灰白色，大小为（3～l0）毫米×（5～9）毫米，上生黑色刺毛状小点，即病菌的分生孢子盘。基部子座中等发达，由多角形细胞组织构成，细胞壁薄，浅褐色或近无色。斑缘外有黄色晕圈；病斑常汇合成片，导致叶片枯黄（图6-6）。

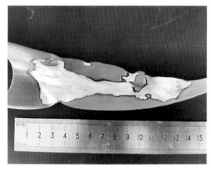

图6-6　菠萝叶灰斑病症状

①病原。该病由一种刺环裂壳孢（*Annellolacinia dinemasporioides*）引起，属半知菌亚门真菌。分生孢子盘圆形或椭圆形，杯状，黑色，刺毛状；刚毛简单，锥形，无分隔或基部有一个分隔。分生孢子梗淡蓝色，分枝或不分枝，圆筒状，直或弯曲，有分隔。分生孢子牙殖式产生，纺锤

形或者椭圆形，顶端尖，基部平，稍弯曲，单胞，淡褐色，壁光滑，有1~3个油球，多为2个，两端各有一根管状附属丝，附属丝不分枝，弯曲。

②发生规律。病菌能在田间病株和病田土壤中存活和越冬。带菌的种苗是此病的主要来源，含菌土壤和其他寄主植物也能侵染菌源。田间传播主要借助风雨和流水。寄生疫霉和棕榈疫霉主要从植株根茎交界处的幼嫩组织侵入叶轴而引起心腐；樟疫霉由根尖侵入，经过根系到达茎部，引起根腐和心腐。在高湿条件下从病部产生孢子囊和活动孢子，借助风雨溅散和流水传播，使病害在田间迅速蔓延。高温多雨有利发病。雨天定植的田块发病严重。使用病苗、连作、土壤黏重或排水不良的田块一般发病早且较严重。

③防治方法。一是加强栽培管理，做好果园排灌，合理施肥，不偏施氮肥。二是栽培技术防病：及时剪除发病部位；滴灌或地面喷水降温；及时通风除湿，叶片上不要有水滴存在。三是发病初期喷药。发病喷药或上盆后喷一遍杀菌剂。常用药剂有50%甲基硫菌灵·硫黄悬浮液800倍液、25%苯菌灵·环己锌乳油700~800倍液、50%杀菌王水溶性粉剂1 000倍液等。10天左右1次。

（七）菠萝炭疽病

菠萝发生炭疽病后，叶面首先产生圆形或近圆形的褪绿小斑，后逐渐向四周扩展，形成大小不一的椭圆形至长圆形大斑，病斑中部常呈灰白色至浅褐色凹陷，边缘则为深褐色隆起，后期病斑联结成片，甚

图6-7　菠萝叶片炭疽病症状

至遍及整叶大部（图6-7）。炭疽病严重影响菠萝生产。

①病原。该病病原胶孢炭疽菌（*Colletotrichum gloeosporioides*

Penzsacc..)。分生孢子长椭圆形，无色，单胞，有 1～2 个油球，大小为（8.2～16.4）微米×（4.0～5.0）微米。分生孢子萌发的温度范围为 15～32℃，最适温度为 28℃。在酸性溶液中有利于分生孢子的萌发，pH 4.1，温度在 28℃下 6 小时萌发率达 83.9%。在 0.2% 糖液（低糖溶液）能促进分生孢子萌发。菌丝生长的温度范围为 8～35℃，最适温度为 26～28℃。在 PDA 培养基上，菌落初为白色，后内层气生菌丝为灰白色至暗灰色，培养基内菌丝变为黑色，在菌落的中心部分产生橘红色的分生孢子堆。

②发病规律。病菌在土壤及病残体上越冬，翌年靠气流、风雨传播危害。病菌可通过伤口侵入，低温潮湿、连雨天气有利于发病。每年 3 月下旬至 4 月上旬，如遇 1～2 天阴雨，此病即可完成初次侵染。病菌主要靠风、雨传播，经伤口和自然孔口入侵，但以伤口为主，当温度在 21～31℃范围内，潜育期为 3～5 天。温度高潜育期短，温度低则潜育期长，在 25～30℃，潜育期最短。在病部呈潜伏态或非潜伏态。湿度是决定该病流行与否的重要因素。多雨、重雾或湿度大炭疽病发生严重。

③防治方法。一是雨季做好菠萝园的排水工作，避免园内积水，合理施肥，增施磷、钾肥及有机肥，避免偏施氮肥。二是定期检查菠萝园，发现病害应及时剪下病叶，并带出园外焚烧。三是在炭疽病发病初期采用药剂防治，药剂可选用 75% 百菌清可湿性粉剂 1 000 倍液、50% 多菌灵可湿性粉剂 800 倍液、50% 甲基硫菌灵·硫黄可湿性粉剂 800～900 倍液、50% 福美双可湿性粉剂 800～1 000 倍液，需喷 2～3 次，间隔期为 15 天。

二、菠萝生理性病害及防控技术

（一）日灼

1. 症状　日灼是菠萝最常见的一种生理性病害。通常发生在果肩部位，朝西边受烈日直射的部位更易被灼伤，日灼发生初期，果肩部位出现黄斑，继而灼伤部分的果皮出现褐色疤痕（图6-8A），果肉风味变劣；随着日灼的加重，果皮局部发黑，组织坏死，果实水分散失加快，极易成空心废果，或因昆虫叮咬，继发微生物、病菌侵染而腐烂（图6-8B）。

图6-8　果实日灼
A.日灼初期　B.日灼严重，果实腐烂

2.发生规律　6—10月太阳辐射较强的季节，菠萝果实进入迅速膨大期，果肉水分含量较高时，日灼的发生与品种、果实收获期及管理水平有关。小果突起、果皮厚的果实比小果扁平，果皮薄的发病轻；果柄直立、冠芽叶片长而多、适当密植的果园发病轻，收获期在太阳辐射较弱的11月至翌年5月的发病轻。

3. 防治措施

（1）保留冠芽。冠芽有保护果实不受烈日暴晒的作用。有些用于罐头生产的果实因去除冠芽会提高产量，故在某些果园常采用此法。建议一般不除冠芽，如果个别品种冠芽过长过大，采用生理方法抑制其冠芽生长。

（2）加强营养管理。果柄较长、容易倒伏的品种如台农16号、台农20号和台农21号应加强补充钾肥供应，防止倒伏。

（3）护果。

①套袋。预估果实成熟的时间，在果实成熟前一个月或在果

实谢花后一个半月以后开始套果，可以100%起到防日灼的效果。目前常用的套果材料有牛皮纸、无纺布和塑料袋等，以牛皮纸纸袋较为经济实用。菠萝果袋为上下两端开口，去除冠芽的可用一端封口的果袋（图6-9A）。套袋不仅能防日灼，冬季还有防寒的效果。套袋能提早菠萝成熟，增加维生素C的含量。不同颜色的果袋会影响菠萝果皮色泽。

②束叶法。利用菠萝本身叶片较长的特点，用扎带将菠萝叶子束在一起，将果遮护（图6-9B）。束叶时，不要束得太紧太密，以既可蔽日又利于通风为宜。向西一面的叶片密一些，其他方向的可以疏一些。无刺卡因等叶片较长的品种用此法较好。束叶取材简单环保，但费人工。

图6-9　菠萝防日灼
A.套牛皮纸袋防晒　B.束叶防晒

③覆盖。可将稻草或杂草绕成圈，包裹在果实四周，亦可使用遮阳网全园覆盖，2～3针的遮阳网即可达到防日灼的效果，黑色较密（6针）的遮阳网还能推迟5～7天成熟。

（二）水心病

这里最近几年发生较多的一种新型生理病害，造成的损失比较大，在很大程度上造成了2018年徐闻菠萝大滞销，大量的水心果无人收购，直到在田间腐烂。

1. **症状**　水心病果基本上外观和普通果无异。有的品种果皮会比较透亮，发病初期，肉眼可见果肉纤维比较明显，随着时间的推移，水渍状越来越明显，果肉剖面呈现水渍状，果肉颜色较暗（图6-10），因此，水心病果也叫水菠萝。用手指或橡胶棒轻轻敲击，声音沉闷浑浊不清的果实即可判断为水心果；声音清脆，发出嘣嘣响的为正常果。水心果不耐运输，容易产生酒臭味不具备鲜食用商品性。

图6-10　水菠萝症状

2. **发生规律**　水心病一般发生在果实成熟后期，随着糖分的积累，果肉开始变得半透明。如果果实发育早期低温干旱降雨，成熟时突遇高温多雨，则容易发生，故此病多发生在春末夏初。7—9月虽高温多雨，但水心病很少发生、秋冬旱季也少发生。水心病与品种有关，果实密度大，果汁含量多的品种容易水心。如金菠萝、台农11号、台农13号、台农16号、台农19号、台农21号、巴厘等品种如果在3—5月成熟，发生比例较高，而同时期台农4号、台农17号、手撕菠萝、台农23号等品种很少发生；水心病还与植株长势有关，调查结果显示在同一地块植株长势旺，超过1.2千克的巴厘果实95%以上为水心果，而长势弱，果实低于0.75千克的全部正常。

3. **防治**

（1）选择合适的品种。计划3—5月上市，可以选择抗水心病的品种。

（2）科学施肥管理。除了卡因类果实生长发育期仍需施肥以外，其他菠萝品种如巴厘菠萝果实发育期间需肥量很少，除了表现缺素症状需要及时补充营养元素外，尽量不施肥，尤其是含氮肥料。雨后及时开沟排水。

（3）适时采收。在果实接近成熟前半个月，应密切关注天气预报和定期采样观察果实发育情况，在水心病发病前或早期采收。

（三）裂梗

到目前为止，发现的裂梗现象主要发生在皇后类的菠萝品种以及杂交品种上，巴厘、台农6号、台农17号菠萝均出现过裂梗现象，无刺卡因、金菠萝、红西班牙等没有出现。

裂梗分为水平开裂和垂直开裂两种方式，最初表现为水平开裂，在圆锥花序的花柄发育到1～2厘米时期出现症状（图6-11）。与正常果实比较，

图6-11　裂梗

裂梗的果实通常表现为果实小且向一边扭曲生长，手撕菠萝、巴厘、台农6号常表现出来，而台农17号果实外观保持正常，但风味明显变差。这种病害在土壤缺乏有机质，酸度在pH 4.0～4.5时较为严重，症状轻的果实能继续膨大，严重的一侧果实小果不发育，冠芽焦枯，严重畸形。反季节催花后，菠萝抽蕾期遇到高温多雨，这种现象比较多，而自然花比较少，这与催花前施氮过多及铜元素的缺乏密切相关，也有果农报告与硼缺乏相关。催花后补充硼素营养，叶面喷施硼砂1 000倍液，5～7天1次，3～5次，台湾果农使用"凤梨宝"叶面喷施可以有效预防菠萝裂梗现象发生。

（四）裂果

裂果又可分为果心开裂和小果间开裂。一般果心开裂发生少，以小果间开裂造成损失最大。

1.症状　果心开裂是近基部1/3中柱发生横裂，台农13号菠萝自然果容易发生。小果间开裂是指菠萝各个小果之间连接处

产生裂缝，裂口呈不规则形，有的纵裂，有的横裂。裂果程度轻的裂缝细小，不影响果实口感，但外观品质变差，只能在本地鲜销；裂果严重的裂口处会流出糖水凝结成块，易发霉，招昆虫叮咬，最终腐烂而失去商业价值（图6-12）。

图6-12　裂果

2. 发病规律　果心开裂多与钙缺乏。小果开裂与品种本身、营养状况、气候及水分管理有关。主要发生在果皮较薄的品种上，如台农6号、台农16号、台农17号、Josapine，其中又以台农17号裂果最为严重。裂果发生时期主要在果实成熟前15～20天，从果实基部开始往果实上部发展，裂口呈不规则形，有的纵裂，有的横裂。果实发育后期突遇高温多雨天气好、缺硼缺钙都有可能引起裂果。冬春季成熟的果实气候稳定，果皮膨压变化不剧烈的情况下也很少裂果。

3. 防治

（1）选择不易裂果的品种。巴厘、无刺卡因、神湾、手撕菠萝、金菠萝、台农21号、台农19号等品种几乎不裂果。

（2）加强栽培管理。

①增施钾肥，补充微量元素。催花前施硫酸钾每亩15～20千克，催花后补充硼素营养，叶面喷施硼砂1 000倍液，5～7天1次，3～5次；现红抽蕾期至小花开放期补充黄腐酸钾和氨基酸钙，叶面喷施浓度为0.75%～1.00%，间隔10天喷1次。小花开放后土施氮磷钾复合肥（13-6-21），谢花一个月后土施硫酸钾每亩15千克，禁止施含氮肥料。

②及早套袋。易裂果品种宜尽早套袋避免直接日晒，营造有一定湿度的小气候，并注意久不下雨时适量灌水，或喷雾，保持果面湿度。

③合理安排收获期。管理不精细的果园，易裂果品种上市期应安排5月以前上市，据此，相应的催花日期应安排在9月以前（含9月），海南乐东等地气候暖和可适当推迟到10月上旬。

（五）寒害与冻害

菠萝喜温怕霜冻，低于5℃以下的低温连续2天以上，菠萝植株及叶片均受到寒害，老叶先受害，自叶先端开始，像被开水烫伤状。低于1℃，冻害明显植株生长点死亡，心叶腐烂，叶片大部分干枯死亡，果实受害黑心、变质腐烂。

0℃或0℃以下的低温、霜害使叶片受害似烫伤，2～3天失水干枯，轻霜只是叶尖和叶片出现白斑，重霜则使受害部位坏死。连续低温阴雨也能使菠萝造成寒害，在1—2月日平均气温小于8℃时，阴雨持续3天以上，持续积寒大于10℃，即产生寒害，菠萝生长点和心叶基部、花蕾或幼果受害腐烂或停止生长。

除选择无霜冻寒害地区发展菠萝生产、加强栽培管理外，常用的防寒方法有：

①护果。去除顶芽的果实，用稻草包裹，再套上塑料果袋，可以有效防治低温冻伤。

②束叶。一般霜冻及冷风雨天气将整株叶片束起，可减少心叶受害，冻后转青快，但在严重寒害情况下，大部分叶片仍受冻干枯，并出现大量烂心苗，效果不显著。

③盖草覆膜。在菠萝植株上铺上稻草，每亩用400～500千克，再覆盖塑料薄膜，可以防止冷风冷雨灌入心部，防霜冻效果最好。

三、菠萝主要虫害及防控技术

（一）菠萝粉蚧

属于半翅目（Hemiptera）、蚧总科（Coccoidea）、粉蚧科（Pseudococcidae），危害菠萝的主要有菠萝洁粉蚧[*Dysmicoccusbrevipes*

(Cockerell)]和新菠萝灰粉蚧[*Dysmicoccus neobrevipes* Beardsley]。洁粉蚧广泛分布于世界各菠萝产区，在我国有较长的发生历史，20世纪90年代曾给我国菠萝产业造成严重经济损失，新菠萝灰粉蚧者是新入侵的害虫，在个别果园常两种粉蚧混合发生，是菠萝重要病害——菠萝凋萎病的主要传播媒介。菠萝粉蚧的寄主有菠萝、香蕉、番荔枝、柑橘、咖啡、枸杞等，粉蚧虫群聚于根、茎、叶、果缝隙处和根系处，吸食汁液为害（图6-13）。

图6-13　菠萝粉蚧寄生部位
A.根部　B.花序　C.果实

1.危害症状　雄虫和雌成虫寄生在菠萝心叶、叶片背面、果实、根系以及芽鞘等部位，或潜入菠萝总苞片以及果实的缝隙凹陷处吮吸液汁。菠萝叶片及果实柔软而多汁部分，有利于本虫生活，故无刺卡因、台农16号要比其他品种受害严重。叶片被害后叶色会慢慢褪绿变黄，甚至成为红紫色，严重时全部叶片变色，软化下垂，甚至枯萎；被害根系变为黑色，组织腐烂，丧失吸收养分的功能，植株生长变弱甚至枯萎。被害的果实轻者生长不良，果皮失去光泽，干枯失水状，品质下降，寡淡无味，重者果实萎缩。此虫还能分泌蜜汁，能诱发果实霉烟病，蜜汁招惹蚂蚁驱走天敌，搬运粉蚧虫体，使此病更易传播。调查发现，菠萝被害严重时，常常出现菠萝凋萎病（已检测到病原），而被害较轻或未受害的植株，没有发现菠萝凋萎病。

2.形态特征 雌成虫体椭圆形，长2～3毫米，为桃红色或灰色，大部分为桃红色，体表被盖白色蜡粉。体缘有放射状的白色蜡丝，其中腹端的一对蜡丝较长，约为体长的1/4。雌成虫产卵时，腹末附有白色绵状蜡丝。雄成虫体很小，黄褐色，有一对无色透明的前翅，腹端有一对细长的蜡质物（图6-14）。卵椭圆形，长0.35～0.38毫米，初为黄色，后变为黄褐色，2～12粒相聚成块。其上混杂有雌虫分泌的白色蜡质物，成为不规则的绵状，轻附于寄主植物上。若虫形似雌成虫，有触角和足，但体较小。雄蛹外形与雄成虫略相似，有触角、翅、足的芽体露于体外。蛹处于丝状蜡质物形成的茧中。茧形不规则，多为长形，附着于寄主植物上。

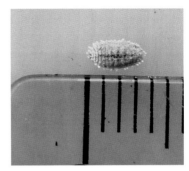

图6-14 菠萝粉蚧形态

3.发生规律 在华南地区一年可发生7～8代，在菠萝整个生育期和贮藏期间都有可能发生，5—9月为主要危害时期。海南天气炎热，4—10月为主要危害期，若虫和成虫常群集于叶与茎交界处，或果实小果之间的凹陷处危害。夏季，一个世代期约40天。此虫基本为孤雌生殖，以胎生为主，少数为卵生。园地荫蔽，地势低洼潮湿，对粉蚧繁殖有利。菠萝粉蚧种群发生数量与寄主的生长状况及降雨情况有密切关系。植株生长健壮，汁液充足，害虫的卵巢发育快，产卵多；降雨量多会影响其繁殖力，暴雨影响粉蚧的繁殖，尤其对若虫有冲刷作用。大雨时叶片基部积留雨水，在此处寄生的粉蚧如淹没水中，3天后虽未全部死亡，但在水中不能胎生若虫，露出水面后其繁殖能力也衰退。此外，蚁类对粉蚧的发生起了有利作用，蚂蚁在取食粉蚧壳虫蜜露的同时，也无形中帮助粉蚧壳虫的扩散传播。卡因类皮薄多汁，比皇后类受害严重。

4.防治方法 一是新建菠萝园时应将园地及四周的野生杂

草和灌木清除干净。二是选用抗虫性品种。在品种方面，叶缘有刺的巴厘、手撕菠萝比无刺品种粉蚧滋生较少，受害轻。三是在定植前用48%毒死蜱乳油1 000倍浸泡基部10～15分钟或用12.5%增效喹硫磷750～1 000倍液，或10%吡虫啉可湿粉1 000～1 500倍液，或37%高效顺反氯氰菊酯·马拉硫磷乳油3 000～4 000倍液，或44%多虫清乳油1 000～1 500倍液，浸渍苗基部10～15分钟，可消灭大部分附着的粉蚧。田间定时撒蚂蚁诱杀剂，防止粉蚧被蚂蚁搬运，四处传播。四是及早巡园检查，当发现中心虫株时对该株及吸芽等苗一并铲除，然后在中心株周围50～60厘米范围内撒上生石灰200～300克。在粉蚧大量发生时，喷射松脂合剂。夏季为20倍液，冬季为10倍液，效果很好。

松脂合剂制备方法：松香、烧碱、水，比例为3∶2∶10，松脂应研成细粉，先将纯碱加入水中，溶化沸腾后，再把研成细粉的松脂慢慢加入锅中，边撒边搅拌，此时火力要猛，并随时补充蒸发的水分，在煮沸时有溢出可以加冷水，等松脂粉末完全溶化成糊状后（30～50分钟）颜色由棕褐色变黑褐色时取出，趁热用湿纱布过滤，即成松脂合剂。花期和幼果期禁用。

5.生物防治　粉蚧的寄生天敌主要是寄生性蜂，据不完全统计，共有跳小蜂、蚜小蜂、金小蜂、棒小蜂、广腹细蜂5科45种，捕食天敌有小毛瓢虫、孟氏隐唇瓢虫、红额艳瓢虫、粉蚧瓣饰瘿蚊。一般生态系统较好，少用化学农药的果园天敌的种类和数量会比较多，在菠萝生产过程应营造有利于天敌繁衍栖息的生态环境，尽量以农业防治和物理为主。

6.田间防治　以化学防治为主。加强田间调查测报，抓准在该虫卵盛孵期喷药。可选用25%喹硫磷乳油1 000～1 500倍、70%噻虫嗪种子处理可分散粉剂（锐胜）5 000～8 000倍、48%毒死蜱乳油1 000倍+3%啶虫脒乳油1 500倍、22.4%螺虫乙酯悬浮剂3 000倍等；冬、春两季使用稀释10～20倍液的松脂合剂防治效果也好。

（二）蛴螬

蛴螬是金龟子的幼虫，俗称地狗子、白土蚕等，为菠萝的重要地下害虫；成虫金龟子属鞘翅目，金龟子科。分布全国，种类繁多，危害甚广。

1.危害症状 幼虫藏匿在土中啮食菠萝植株的地下茎和幼根与芽。受害的植株，初期叶片褪绿，植株和果实生长不良。后期叶片变红，失去光泽，叶尖收缩、干枯。轻则根部还剩下几条根，重则根部全被啃食，生长停滞。在干旱季节，植株叶片变成深红色，下垂凋萎，严重者全株干枯或果实萎缩，停止生长，与凋萎病症状类似，但不同之处是蛴螬危害植株一拔就起，而凋萎病植株则难以拔起。施用未腐熟的堆肥、垃圾或豆饼作基肥，或者有机质较多、土质疏松的新植区发病较为严重。

2.形态特征 虫体腹面及足，均为黄褐色。卵椭圆形，乳白色，后逐渐变淡黄色。幼虫头黄褐色，体乳白色，身体向腹面弯曲呈"C"形，胸腹背面有许多皱纹，有胸足3对（图6-15）。

3.发生规律 该虫一年发生1代，以幼虫在土中越冬。成虫昼伏夜出，出现盛期时间各地不同。在广东4月中下旬开始羽化出现；8月

图6-15 蛴螬形态

下旬开始产卵，卵期约5天；9月中旬开始有第1龄幼虫，历期约45天；10月下旬有第2龄幼虫，历期约45天；11月下旬至翌年3月是第3龄幼虫期，危害期很长，成虫自4月中旬至9月下旬达5～6个月之久，均在田间取食叶片，幼虫危害期11月至翌年3月，亦达5个月。咬食地下茎和幼嫩根，受害植株表现为明显比正常植株矮小，叶色发红或发黄，叶子柔软，类似缺水干枯状，一般很少死亡（图6-16）。幼虫会转移至周围植株危害，被害植株茎基部残

留的根会萌发新根，恢复生长，只有在伤口处感染绿霉菌和疫霉菌，并引起腐烂时，植株才死亡。有机质多和土壤质地疏松肥沃的新植区，有利于金龟子产卵和幼虫的生长发育，因而菠萝受害特别严重。另外，施用未腐熟厩肥和未加杀虫剂的堆肥、垃圾与猪牛粪等作基肥时，菠萝植株受害也严重。

图6-16　菠萝植株受害症状

4.防治方法　一是开荒建园宜全垦，铲除杂草中间寄主。定植前在定植穴撒施阿维毒死蜱可湿性粉剂或喷施乐斯本或毒死蜱800 ～ 1 000倍液可杀死幼虫。二是5—7月为成虫发生期，可结合农事活动人工捉虫，并在果园用200 ～ 500瓦灯光或黑光灯诱杀成虫，安装灭虫灯每10亩1台。三是药剂防治：于傍晚洒90%敌百虫800倍液、480克/升毒死蜱乳油2 000倍液、40%辛硫磷乳油2 000倍液、金龟子绿僵菌油悬浮剂1 500 ～ 2 500倍液等。6—8月，结合根外追肥，发现有幼虫危害时，在肥料中加入800倍液敌百虫液，或用敌敌畏、辛硫磷、毒死蜱等800倍液灌根，以杀死地下金龟子幼虫。

附　录　1

ICS 67.080.10
B 31

中华人民共和国农业行业标准

NY/T 3520—2019

菠萝种苗繁育技术规程

Technical code for propagation of pineapple seedlings

2019-12-27 发布　　　　　　　　　　2020-04-01 实施

中华人民共和国农业农村部　发 布

前　言

本标准按照 GB/T 1.1—2009 给出的规则起草。

本标准由中华人民共和国农业农村部提出。

本标准由农业农村部热带作物及制品标准化技术委员会归口。

本标准起草单位：中国热带农业科学院南亚热带作物研究所。

本标准主要起草人：吴青松、孙伟生、刘胜辉、林文秋、孙光明、李运合、张红娜。

菠萝种苗繁育技术规程

1　范围

本标准规定了菠萝[*Ananas comosus*（L.）Merr.]吸芽、裔芽、冠芽、叶芽的术语和定义以及吸芽苗、裔芽苗、冠芽苗、叶芽扦插苗和组培苗的种苗育苗方法。

本标准适用于我国菠萝生产上吸芽苗、裔芽苗、冠芽苗、叶芽扦插苗和组培苗的种苗繁育。

2　规范性引用文件

下列文件对于本文件的应用是必不可少的。凡是注日期的引用文件，仅注日期的版本适用于本文件。凡是不注日期的引用文件，其最新版本（包括所有的修改单）适用于本文件。

NY/T 451 菠萝 种苗

NY/T 2253 菠萝组培苗生产技术规程

3　术语和定义

下列术语和定义适用于本文件。

3.1　**吸芽 sucker**

从菠萝地上茎长出的芽。

3.2　**裔芽 slip**

从菠萝果柄上长出的芽。

3.3　**冠芽 crown**

从菠萝果实顶部长出的芽。

3.4　**叶芽　leaf dormant bud**

带有叶片的休眠腋芽。

4 种苗繁育方法

种苗繁育的类型分为吸芽苗、裔芽苗的母株育苗，吸芽苗、裔芽苗、冠芽苗的苗圃假植育苗，叶芽扦插育苗和组培苗育苗四种方法。

4.1 吸芽苗、裔芽苗的母株育苗

4.1.1 母株育苗圃选择

选择生长一致、植株健壮、经济性状良好、无病虫害，果实成熟期不使用植物生长调节剂的果园，去除变异株后作为母株育苗圃。

4.1.2 果实采收后育苗管理

果实采收后，割去母株老叶片末端1/3，施用安全低毒除草剂或人工清除行间杂草。撒施促芽肥，喷施叶面肥。促芽肥施肥推荐用量每 667 m² 可施用复合肥（N∶P∶K=15∶15∶15）10 kg，尿素15 kg；叶面肥施肥推荐为5%（质量分数）的速溶复合肥和2%（质量分数）的尿素液态肥，喷湿叶面即可。当母株上的吸芽、裔芽生长达到种苗要求时进行分类分级采收。

4.2 吸芽苗、裔芽苗、冠芽苗的苗圃假植育苗

4.2.1 苗圃地选择

选择阳光充足、无霜冻、土壤肥沃、土质疏松、pH=5～6、坡度25°以下、排灌条件良好、靠近水源、交通便利的土地作为苗圃用地。避免使用低洼积水、地下水位过高的土地及菠萝连作地。

4.2.2 苗圃整理

基肥以腐熟有机肥或生物肥为主，配合磷肥、复合肥，施肥推荐用量为每667 m²施入腐熟有机肥2 000 kg、磷肥100 kg、复合肥50 kg。经旋耕机粉碎、耙平，按1.3 m～1.5 m起畦，畦高20 cm～30 cm以有利于排水，两畦之间留30 cm～50 cm宽走道。

4.2.3 种芽处理

采收的裔芽倒立晾晒，伤口风干后即可假植育苗。采收的吸芽剥去基部老叶及根，采收的冠芽削平基部，倒立晾晒，待

切口风干后假植育苗。切口可用58%（质量分数）甲霜灵锰锌可湿性粉剂500倍液（体积分数）浸泡30 min或种芽倒立喷雾对切口消毒。

4.2.4　假植与管理

裔芽、吸芽、冠芽推荐按照15 cm行距、10 cm株距进行假植，植后淋水1次。生根后每月喷施1次叶面肥（同4.1.2叶面施肥），淋水次数视苗床湿度而定。

4.3　叶芽扦插育苗

4.3.1　繁育材料选择

选取叶片数40片以上的冠芽用于叶芽扦插苗育苗。

4.3.2　削叶芽

采收的冠芽放在阳光下倒立晾晒至切口干燥，去除冠芽基部小叶片，用刀斜向基部沿茎方向同时切下叶片及其基部休眠芽。切下的叶芽可用58%（质量分数）甲霜灵锰锌可湿性粉剂500倍（体积分数）液浸泡30 min，阴凉处风干后扦插。

4.3.3　培养基质准备

培养基质分为扦插出芽基质和育苗基质。扦插出芽基质为干净的河沙，育苗基质为腐熟有机肥：泥炭土=1：1，基质厚度为10 cm。

4.3.4　叶芽扦插

叶芽按5 cm×5 cm株行距，插入基质深度为埋住叶芽休眠芽。休眠芽萌芽成苗后，小苗长至3～4片叶时，移栽假植至育苗基质上。

4.3.5　叶芽扦插小苗管理

扦插小苗按10 cm×10 cm株行距移栽，小苗发新根前每1 d～2 d淋水1次。生根后3 d～5 d淋水1次，具体情况视基质湿度而定，每月淋水肥1次（同4.1.2）。

4.4　组培苗育苗

按NY/T 2253的规定执行。

5 种苗出圃

5.1 出圃前准备

出圃前练苗，逐渐减少淋水。起苗前一周停止淋水和施肥。

5.2 种苗出圃要求

按 NY/T 451 的规定执行。

5.3 起苗

晴天或阴天起苗，起苗后对种苗进行消毒处理。种苗消毒推荐用 58%（质量分数）甲霜灵锰锌可湿性粉剂 500 倍液（体积分数）和 40% 杀扑磷乳油 800 倍（体积分数）混合液浸泡苗头 5 ～ 8 min。种苗消毒处理后适当风干晾晒。将冠芽苗、裔芽苗、吸芽苗、扦插苗等按照同一类别归类采收，不同类型种芽、育种方法和育种批次的种苗不可混合，并及时分级、包装和运输，避免堆放。

5.4 育苗记录

参照附录 A 执行，种苗级别按 NY/T 451 的规定执行。

5.5 种苗包装、标志与运输

按 NY/T 451 的规定执行。

附录A
（资料性附录）
菠萝种苗繁育技术档案

菠萝种苗繁育技术档案见表A.1

表A.1　菠萝种苗繁育技术档案

品种名称		产地	
育苗方法		育苗单位	
育苗时间		育苗责任人	
种苗数量，株			
一级苗数，%			
二级苗数，%			
总苗数，株			
备注			

育苗单位（盖章）：　　　　责任人（签字）：　　　日期：　　年　　月　　日

附 录 2

菠萝主要病虫害及其防治技术

防治对象	农业防治	药剂防治	使用方法
粉蚧	1.园地开垦时清除野生杂草及灌木。 2.发现虫株时铲除，并在其周围50～60厘米范围内撒生石灰200～300克。	1. 25%噻嗪酮悬浮剂1 000～1 500倍液。 2. 48%毒死蜱乳油100倍液+3%啶虫脒乳油1 500倍液。 3. 22.4%螺虫乙酯悬浮剂3 000倍液。	灌根
凋萎病	1. 加强检疫，控制病区和病田的种苗作为种植材料输入新植区或新园。 2. 对携带有粉蚧的种苗，在定植前应使用药剂浸泡晾干方可种植。	1. 毒死蜱480克/升乳油1 000倍液。 2. 辛硫磷40%乳油1 000倍液。 3. 5%氨基寡糖素水剂1 000倍液。	浸泡、灌根 浸泡、灌根 喷雾
心腐病	1. 搞好园地备耕，并建设排水系统，保证园地不积水。 2. 选用壮苗，种植前经7～10天阴干。前茬发病较严重的果园应使用杀菌剂浸泡、晾干后选晴天种植。发现病株及时拔除，同时使用杀菌剂保护邻近植株。 3. 加强栽培管理。发现病苗及时拔除烧毁，病穴经翻晒并用石灰或药剂消毒后再补苗。	1. 18.7%烯酰·吡唑酯水分散粒剂800倍液。 2. 50%烯酰吗啉可湿性粉剂1 500倍液。 3. 72%霜脲氰·代森锰锌可湿性粉剂500倍液。 4. 52.5%噁唑菌酮·霜脲氰水分散粒剂1 500倍液。	喷雾
根线虫病	1. 选用无虫健康种苗，不在根线虫病区采购种苗，禁止带有线虫病根的植株移植到无病区。 2. 已发病菠萝园加强管理，增施有机肥，促发新根，减轻受害。	1. 每亩施10.2%阿维·噻唑1 000克。 2. 5.5%阿维·噻唑膦800～1 000倍液。	撒施 灌根

注：书中所提供的农药、化肥施用浓度和使用量，会因作物种类和品种、生长时期以及产地生态环境条件的差异而有一定的变化，故仅供参考。实际应用以所购产品使用说明书为准，或咨询当地农业技术服务部门。

主要参考文献

贺军虎, 2014. 菠萝新品种及优质高产栽培技术 [M], 北京: 中国农业科学技术出版社.

金琰, 2021. 我国菠萝市场与产业调查分析报告 [J]. 农产品市场 (8): 46-47.

刘传和, 刘岩, 易干军, 等, 2009. 不同有机肥影响菠萝生长的生理生化机制 [J]. 西北植物报, 29(12): 2527-2534.

马海洋, 石伟琦, 刘亚男, 等, 2013. 氮、磷、钾肥对卡因菠萝产量和品质的影响 [J]. 植物营养与肥料学报, 19(4): 901-907.

沈会芳, 林壁润, 孙光明, 等, 2014. 海南菠萝心腐病菌烟草疫霉的生物学特性研究 [J]. 广东农业科学, 41(2): 92-94.

习金根, 孙光明, 臧小平, 等, 2007. 锌对菠萝幼苗生长发育及生理代谢的影响 [J]. 热带作物学报, 28(4): 6-9.

赵维峰, 魏长宾, 杨文秀, 等, 2009. 中微量元素对菠萝品质的影响研究 [J]. 安徽农业科学, 37(27): 13042-13053.

周柳强, 张肇元, 黄美福, 等, 1994. 菠萝的营养特性及平衡施肥研究 [J]. 土壤学报 (1): 43-47.

Bartholomew D. P., Paull R. E., Rohrbach K. G., 2003. The pineapple: botany, production and uses [M]. London: CABI Publishing.

图书在版编目（CIP）数据

菠萝栽培与病虫害防治彩色图说/刘胜辉，张秀梅主编．—北京：中国农业出版社，2022.12
（热带果树高效生产技术丛书）
ISBN 978-7-109-30284-6

Ⅰ.①菠… Ⅱ.①刘… ②张… Ⅲ.①菠萝-果树园艺-图解②菠萝-病虫害防治-图解 Ⅳ.①S668.3-64
②S436.68-64

中国版本图书馆CIP数据核字（2022）第228323号

中国农业出版社出版
地址：北京市朝阳区麦子店街18号楼
邮编：100125
责任编辑：丁瑞华 黄 宇
版式设计：杜 然 责任校对：吴丽婷 责任印制：王 宏
印刷：中农印务有限公司
版次：2022年12月第1版
印次：2022年12月北京第1次印刷
发行：新华书店北京发行所
开本：880mm×1230mm 1/32
印张：4
字数：120千字
定价：40.00元
